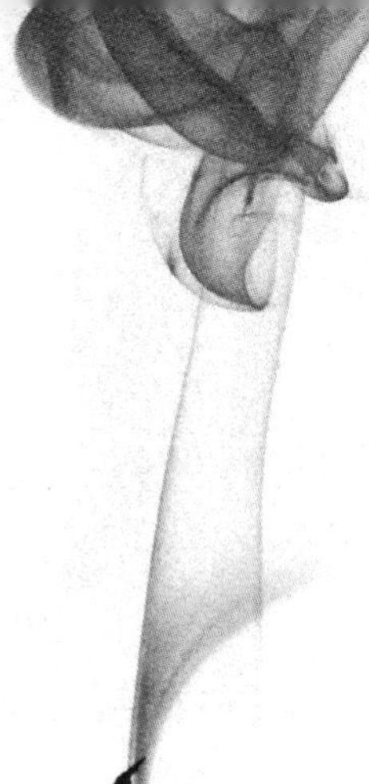

看不见的光

韭菜日记

# 缥火

最后一条鲑鱼

向垃圾食品say bye-bye

张冠秀 主编

声音也疯狂

那片奇幻的森林

被淹没的约定

囚鱼

知识产权出版社

**图书在版编目（CIP）数据**

绿火/张冠秀主编. —北京：知识产权出版社，
2015.1

ISBN 978-7-5130-3088-5

Ⅰ.①绿…　Ⅱ.①张…　Ⅲ.①环境保护—青少年读物
Ⅳ.①X-49

中国版本图书馆CIP数据核字(2014)第236830号

**内容提要**

本书是一本作品集。第一部分是10篇环保童话，小作者们想象力丰富，情感真挚，虽然文笔稚嫩，但传达出了对环保的深刻的思考；第二部分是作者去其他地区的学校考察环境教育所写的随笔；第三部分是作者学校种种环保活动的照片以及与相关领导的合影。本书最精彩的部分是小作者们的“绿色童话”，而作者作为一个普通的初中地理老师，对环境教育的身体力行令人动容。

**责任编辑**：卢媛媛

**绿火**

LÜHUO

主　编：张冠秀

副主编：孟　航　赵天一　郭登甲

---

出版发行：知识产权出版社有限责任公司　网　址：http：//www.ipph.cn
　http：//www.laichushu.com
电　话：010－82004826
社　址：北京市海淀区马甸南村1号　邮　编：100088
责编电话：010－82000860转8597　责编邮箱：31964590@qq.com
发行电话：010－82000860转8101／8029　发行传真：010－82000893／82003279
印　刷：三河市国英印务有限公司　经　销：各大网上书店、新华书店及相关专业书店
开　本：720mm×1000mm　1/16　印　张：17
版　次：2015年1月第1版　印　次：2015年3月第2次印刷
字　数：290千字　定　价：36.00元

ISBN 978－7－5130－3088－5

---

# 前言

一本青少年作者独立创作的环保童话集，

一部开启大人、孩子环保理念的忧思录，

一份提高地理学习兴趣的纯美读物，

一段草根老师和孩子们的绿色成长历程……

本书有10个故事，集环保性、文学性、科普性于一体，每一个精彩故事折射出的是小作者追求真善美的纯洁心灵。本书涉及“温室效应”“海洋污染”“土地荒漠化”“水污染”“辐射污染”“光污染”“大气污染（如酸雨）”“垃圾食品”“农药蔬菜”“土壤污染”等全球重大环境问题，本书的目的是希望“星星绿火，可以燎原”，通过阅读，让读者自觉地尊重生命，呵护友情，互助合作，养成感恩自然、节能减排的良好生活习惯。请不要用成人和作家的眼光看待孩子们的作品，这是一种绿色思想、正能量的传递，希望能埋下绿色的种子。

插画员是小作者的同班同学。孩子眼中的环境问题究竟是什么概念？抽象乏味的地理知识又能怎样具象趣味？他们会用奇妙的文字和图画，带你走进绿色人文科普乐园。

希望通过孩子们纯洁的思维和眼睛，引起正处在气候恶化中的世界的思考。我们需要蓝天、碧水，我们需要阳光、雨露，我们需要不断成长的力量——保护环境，人人有责，绿色家园，从你我做起！

环境保护，功在当代，利在千秋！

# 序1：

## 立言，实为立人
## ——写给孩子们

曹文轩

这些文字，是一些孩子在他们的老师张冠秀的鼓励和指导下写出的。它们虽然有些稚嫩，但却非常纯粹动人。孩子们用他们清纯的目光打量着这个世界，看到了这个世界的细微之处、美妙之处。他们用现代性的思想思考着这个正在失去绿色的地球，小小年纪就有了忧患意识和保卫家园的责任。

我非常在意他们的环保意识，但作为一个写作者，对他们的写作——写作行为本身更为激赏。

我在许多场合说过——

别以为写作是一些人所专门从事的职业。作为一个健全的人，其实都应该学会舞文弄墨。文字活动，是一个人的正常行为。一个人无论日后从文、从理、从工、从商还是走仕途，都应将写作看成是自己的一种基本的能力。一个不能写一手好文章的政治家，其实称不上一个政治家，充其量则是一个政客而已。那些划时代的政治家，有谁不是文章家？他们著作等身不说，而且还有经久不衰的传世之作。那些搞自然科学的一流科学家，也都在文字上显示了他们不同凡响的魅力。牛顿的书，既是科学的书，也是哲学的书，并且是精妙的哲学书；读爱因斯坦的科学著作，你可以绕开那些公式，将其作为美妙的散文来阅读。

写作是对自己的说理能力与叙事能力的训练。文章的理路、作法，会在无形之中帮助你获得说理的条理性、逻辑性与力度，会使你在说一件哪怕是平凡乃至平庸的事情时，也会使人觉得此事充满趣味、令人难以忘怀。写与不写，会影响到说的质量，这大概是所有人都有的体会。

在未经文字的梳理之前，人的思想往往散如乱麻，并且残缺不堪。文字的运行，就是将这些思想按某种体例进行编排，使其顺理成章，成为一个攻无不克战无不胜的严密系统。事情就是这样的奇妙，那些本来千疮百孔的思想，在经过文字的调教之后，竟然填补了疮孔，变得无懈可击。

文字活动，其实是在寻找一种更加完美的看待世界、认识世界、分析世界并描述世界的方式。一个人能否使用文字，直接关系到他（她）的世界观质量。不仅如此，文字活动还会帮助人创造新的世界。文字已是一个独立的王国，它的功能早已不是当初只用来描述已有的世界了。它的高度自由，已经使它具有了创造新世界的神奇魔力。比如说我们已经离不开的文学，其实，它十有八九是依靠文字来虚构的。而这些无法还原为事实的文字却使我们获得了巨大的精神享受。一个会写作的人，意味着他拥有一个更加广阔也更加丰富的世界。

写作过程，也是我们的精神得以升华的过程。文字组成通天台阶，我们拾级而上，精神的殿堂就在我们的上方。

写作还会帮助我们培养一种优雅气质。我们身处一个喧哗与骚动的世界，心浮气躁，而文字会使我们获得安宁与平静。我们沉浸在这个世界中，得到了精神的洗礼，得到了情感的抚慰与审美的熏陶。我们渐渐成为一个脱离了低级趣味的人。那种优美的书卷气，慢慢地浸润到我们的灵魂乃至肉体，于是我们变得高尚，变得文明，变得自身也具有了审美价值。

写作培养着我们的认知力、感受力、表达力等诸种能力，是一个发展壮大我们自己，使生命得以张扬、光泽闪闪的过程。

立言，实为立人。

收在这本小书中的文字，向我透露着一个信息：它们的作者若在今后读更多更好的书，若得天时、地利、人和，就有可能在写作上有一番不可小觑的气象。

祝贺孩子们。向张冠秀老师致敬。

2014年11月30日于北京大学蓝旗营住宅

# 序2：

## 让世界充满爱

安武林

张冠秀主编的《绿火》终于要出版了，我的眼睛也有点湿润了。我知道她在这本书中所付出的艰辛和努力，是无法用语言表达的。我只能用文学的想象力和敏感的心灵从她的后记中去体悟，去想象，去寻找。尤其是当她面对孩子们热烈的憧憬和天真无邪的期待的时候，她心如刀绞。谢天谢地，她总算对孩子们有了一个完满的交代。她用自己的实践向孩子们证明了另一件事：承诺，是一份责任，更是一份使命。

阅读《绿火》的书稿，我感到很惊讶。我原以为这仅仅是孩子们的作文的一个结集，或者是孩子们优秀习作的一个结集。但我发现，我的判断是错误的。这本书沉甸甸的，张扬了一个鲜明的主题：环境保护。它属于孩子们创作的环境文学的作品，它弘扬的是环保意识。也可以说，它是张冠秀老师带着孩子们一起身体力行为保护我们的环境而作出的积极的努力以及所取得的成果。换句话说，它是一本主题鲜明的书，都出自孩子们的创作，属于环境文学的作品。

这些作者是十二三岁的初中生，看到他们的简介的时候，我发现，这些作者性格各异，仅凭着文字的简介，我似乎就看到了每一个孩子的爱好、性格、才华。他们有的喜欢绘画，有的喜欢阅读，有的喜欢参加环保公益活动，有的喜欢旅游。他们在学校期间，就取得了各种各样的成绩，如参加各级作文大赛，参加社会公益活动，都获得过各种各样的荣誉。有的作者甚至已经出版文学作品集，成了小名人。这些幸福的孩子，都在无拘无束地发展自己的天性和爱好，我想，这个学校和这个学校的老师给孩子们提供了很好的条件，从而使孩子们的兴趣和爱好得到了极大的发挥和表现。

我很看重这本书，看重这本书的原因是多方面的，但我最看重的是，孩子们对环境保护的热爱和他们的作品是一致的，这种言行高度一致的意义远远大于一本作品集。这些孩子们，无疑是一颗颗种子，他们会影响身边的人，用他们的作品影响更多的人。我们这个世界，其实并不缺乏优秀的文学作品，也不缺乏才华横溢的少年作家，缺乏的是爱心——对环境的热爱之心，对环境的保护意识。张冠秀老师孜孜矻矻一直致力于这方面的教育和实践，令我钦佩。我始终觉得，我们的教育有很大的缺失，尽管学校是教书育人的所在，但是我们的重心和重点往往都放在教书上，注重知识的传递，注重考试成绩，但对“育人”这项神圣的使命却履行得不尽如人意。从这个意义上说，张冠秀老师的做法是非常值得推崇的。

孩子们的作品很丰富，表现手法也多种多样，有童话，有穿越小说，有幻想小说，有科普小说，有流行小说，而其中的一篇——尽管小作者自称是小说——竟然用了剧本的写作方式。他们不拘一格，有天然的幻想力。也许，在我们这些专门搞文学创作和文学批评的人看来，他们太不按常理出牌了。但这正是他们想象力还没有受到规范和污染的一种证明。非常有意思的是，孩子们对环境的观照、关注，竟然也非常广阔，小到蚯蚓、蚂蚁、尘埃，大到海洋、地球。我也注意到了，孩子们对环境的关心，不仅来自他们的想象，也来自他们的身边，如垃圾食品，还来自国外，包括对世界环境遭到破坏的一些新闻事件。他们的忧患意识和使命感，让我这个成年人都感到惊讶和惭愧。

我去山东寿光世纪学校讲过课，那里的环境让我感到如沐春风，就像一座漂亮的大花园一样。我想，正是因为这样的学校，才会有张冠秀这样的老师，才会有这样的学生。和学生们交流的时候，我发现这些孩子们的素质是出奇的好。遗憾的是，我并没有在去这个学校之前阅读这本书稿，否则，我一定会和这些作者们进行交流。

这本书的插图和照片，都出自孩子们和张冠秀老师之手，可以说，这本书是孩子们和张冠秀老师一起动手完成的，其中的艰辛不言而喻，但也充满了快乐。我相信，这本书的意义和价值，不仅仅是对孩子们成长的记录，也不仅仅是孩子们成果的展示，它向这个世界表达的是这么一种思想，或者说理想：让世界充满爱，让我们每个人都来保护我们的生存环境，这是我们每个人的神圣使命。

2014年4月

# 序3：

## 环境教育，让美丽中国“绿梦成真”

郁庆治

在当今世界，环境问题已经不再是一个陌生或新鲜的话题。这倒不是由于人类社会已经找到破解之策，而是因为，环境问题已然成为我们日常生活中的一部分。这在当代中国尤其如此。可以肯定地说，我们已经处于一个环境问题盘根错节的时代，而且这种状况在可预见的将来很难改变。因此，无论是世界还是中国，真正面向未来的发展，都离不开对环境挑战的认知与应对，而这首先是环境教育的任务与使命。

如同一般意义上的教育一样，环境教育也可以划分为“教什么”“如何教”“谁来教”这三个层面。“教什么”主要是指教育内容，比如，除了通常所指的环境自然科学、环境工程技术知识，还包括环境人文社会科学方面的知识；“如何教”主要是指教育方法，比如，是通过课本文献阅读讲解的方式来传授知识，还是通过实地观察与亲身参与的方式来实践理解；“谁来教”主要是指教育主体，比如是由教师来向学生传授知识，还是师生共同参与其中、教学相长。

应该说，在上述三方面，我国的教育传统中都有值得传承与弘扬的经验。我们经常说，要让学生做到不但“知其然”，还要“知其所以然”。这句话用于环境教育就可以解读为，不仅要使学生知道如何保护生态环境（如节约粮食、节约能源材料、不乱丢垃圾），还要使其明白为什么要保护生态环境（个体的伦理与公民责任）。如果说前者更多的是自然科学、工程技术层面上教育的任务，那么，后者则更多的是人文社会科学层面上教育的任务，二者缺一不可。我们还经常说，完整的学习不但要“读万卷书”，还要“行万里路”。这句话用于环境教育就可以解读为，环境书本知识的学习和自然生态系统的身临其境同样重要，甚至后者在某种程度上更重要。因为，如果没有对大自然的观察体验，我们是很难真正理解自然环境的整体性、多样性、复杂性的。这也就是对某一个自然保护区的短暂考察的收获，往往要胜过长篇幅的阅读的原因。

但作为现代教育的一部分，环境教育又有着自身的特点，比如在知识存量、教学手段、主体间关系等方面，哪怕是面对稚气十足的孩子。就知识存量来说，虽然自然界对于人类社会来说依然有着无穷的待揭秘密，但信息时代的知识海量特征，已使得科技知识很难从整体上加以把握，文艺复兴时代那样的百科全书式学者已不可能再现；就教学手段来说，网络信息技术的日益普及，已在相当程度上实现了当初贵族教育的平民化，无论是先进的教学设备还是遥远的科学考察，都已经成为现实的可能；而就主体间关系来说，教师与学生之间已远远超出"教学相长"的范畴，更加呈现为一种平等、互助的伙伴。

正是在上述意义上，笔者认为，环境教育不仅是一门新兴的环境人文社科学科，还是一种崭新的教育类型或形态，有着巨大的创新与探索空间。

实话说，直到2012年10月对山东省寿光世纪学校的考察之前，笔者并不确信，我们目前的中小学能够成为环境教育的创新试验场。那次短暂的访谈与互动，颠覆性地改变了我对中小学环境教育的印象：一位普通的中学地理老师，不仅可以组织起一个全国知名的环保社团——2010年正式成立的"绿鸽"环保社团，短短数年内成功组织了一百多项大型环保公益活动，而且使之成为自己学校、省市的一张靓丽名片，吸引着来自世界各地的同行专家交流讲学。笔者清楚记得，在那间专门的环境教育工作室中，整齐地摆放着各种活动的宣传材料、展板、活动记录以及小同学们精心制作的环保工艺制品。尤其令我难忘的，是小同学对于那些大问题的大胆提问：那些造纸厂为什么要把脏水排入城郊的河流（明知道会造成水污染）？那些蔬菜种植大户为什么要使用严重超量的农药和化肥(明知道对人身体有害)？笔者坚信，环境人文社会科学能够对此给出更为科学的解答，但当时的寥寥数语恐怕很难让她（他）们"知理解惑"。

而真正让笔者感到惊讶的，不是正规化的环境教育课程，而是张老师所带领的一个朝气蓬勃的团队。一群只有十几岁的孩子，在绿色的旗帜下团结起来，快乐成长。在那里，教学不再是静态的或呆板的课程、课本、课堂，而是各种形式的趣味性活动；教育不再是知识传输或灌输的所在，而是孩子们展示与完善自己的舞台。而所有这一切，都是由于一个既普通又不普通的地理老师——张冠秀。

在斯德哥尔摩人类环境会议40多年后的今天，我们已经远离环保英雄主义时代，因为我们不再相信，单凭某一个或某一群人的超凡神力，可以驱除人类社会面临着的生态环境危机。但是，环保英雄或杰出个体的投入、执着与献身精神，将永远是环保事业不断推进的强劲动力，甚或是灵魂。在笔者的印象中，张老师正是这么一个人——总在不停地构思与追逐着自己的绿色梦想。而在她的数千个小伙伴当中，张老师更是一个能够敢于呼风唤雨的“绿色天使”。

正因为如此，当张老师兴奋地告知我说，他们几经周折的努力终于结晶为《绿火》这本儿童环境文学著作时，我并不感到奇怪。“一本青少年作者独立创作的环保童话集，一部开启大人、孩子环保理念的忧思录，一份提高地理学习兴趣的纯美读物，一段草根老师和孩子们的绿色成长历程。”短短四句话，既是对本书内容与主题的精准概括，也是对环境教育意涵的深入浅出的阐释。

环境文学并不是我的专业，因而我没有资格对小作家们的作品“评头论足”，但粗略读来，他们对于人类社会面临的诸多环境难题的文学阐释与想象，视野开阔，发人深思。笔者相信，美丽中国的绿梦成真，首先需要的是人们的梦想的心灵、绿色的心灵、火热的心灵——一句话，需要孩童般的天然的心灵！

环境教育的实质是人类文明的未来，我们每一个人都责无旁贷。因此，我很愿意接受张老师的约请，撰写上述简短的鼓励性文字，并郑重推荐这部尽管有些文辞稚嫩，但却充满着环境文学与政治想象的“绿火”。是为序。

2014年4月10日于北大燕园

# 目 录
# Contents

# 第一部分　绿色环保作品集

## 一只叫佩佩的蚯蚓

作者：宁鹏森

插画：王楚斐

## 作者简介

宁鹏森，13岁，现就读于寿光世纪学校七年级。性情开朗，喜欢和好朋友一起旅游，滑雪，逛书店，品美食。不过，我最大的爱好是买书、看书，常常看书到忘我的境界，大人戏称我为“书迷”。我的零花钱几乎都用来买书，妈妈给我的生日礼物或给我的奖励也都是我喜欢的书。我尤其喜欢曹文轩和沈石溪的作品，我的书橱和窗台上满满摆放的，都是他们的书。我也喜欢写东西，有多篇文章在征文活动中获奖或在《寿光日报》上发表。

我的理想是当一名说真话、书真情、鞭挞丑恶、歌颂美好的小作家，我正在努力中……

## 画者简介

王楚斐，女，山东寿光市世纪学校初一在校学生，2000年出生，自幼喜欢绘画，先后学习儿童画、国画、素描，擅长动漫绘画。曾于2013年获得全国科技七巧板大赛团体赛一等奖，个人赛三等奖。

作品：《一只叫佩佩的蚯蚓》《看不见的光》《向垃圾食品say bye bye》。

# 一　从前的生活

佩佩是一条小蚯蚓。他住在一片大森林里，那里土壤肥沃，水源充足，佩佩的家就在一棵长着三角形分叉的树下。那里有一条清亮亮的小溪，鸟儿们也常常在这里玩耍，于是佩佩便独自在小溪边玩耍……

“等等！”我旁边的一个小狐狸举起手来问，“为什么佩佩要独自玩耍呢？他没有伙伴吗？”

哦，这个问题问得很好，其实佩佩有些方面不同于其他蚯蚓，别的蚯蚓身体的颜色与土色相似，而佩佩的皮肤却是金黄色的。有一次佩佩从土壤里钻出来，把在旁边啄食草籽的鸡婆婆吓得“哦哦哦”地喊着，在树林子里乱跑，仿佛在说：“快来看啊！这里有个小怪物！”

还有一点，那就是佩佩跑得太快了……

“什么什么？跑得太快也会让人讨厌吗？”那个小狐狸又举起了小手，向我边晃边问。

“啊呀呀，不要这么急啊，听我慢慢讲给你听！”我擦了一下额头上的汗珠继续说。

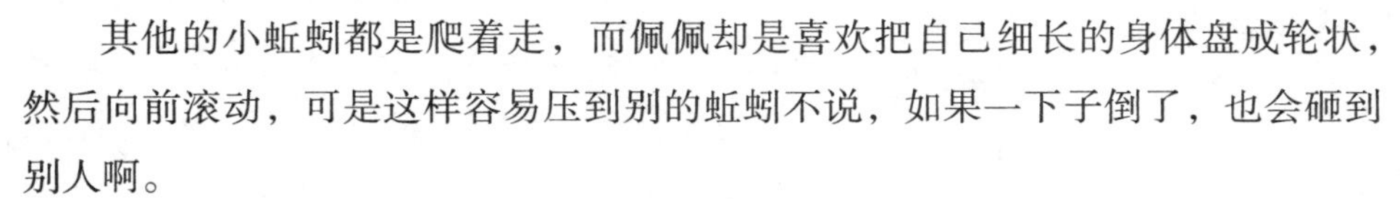

其他的小蚯蚓都是爬着走，而佩佩却是喜欢把自己细长的身体盘成轮状，然后向前滚动，可是这样容易压到别的蚯蚓不说，如果一下子倒了，也会砸到别人啊。

现在你知道为什么佩佩要独自玩耍了吧？

佩佩还喜欢满森林里滚，每到这时，佩佩便会唱他的“滚之歌”。

“滚啊滚，滚啊滚，滚到夕阳落山头。

滚啊滚，滚啊滚，滚到北斗照夜空。

滚啊滚，滚啊滚，不到肚饥誓不休！”

## 二 污染大军进攻

“滚啊滚，滚啊滚……”佩佩又在满森林地滚，他要去土地爷爷那里玩，因为在所有见到佩佩的人中，土地爷爷是对他最好的，佩佩也常去土地爷爷那里，这么一来二去的，他们两个变成了好朋友。

佩佩这次要和土地爷爷玩一种新的游戏，这个游戏是佩佩自己发明的，所以他正急急忙忙地向前“滚”呢。可是刚到一半的路程，佩佩却闻到了一股刺鼻的臭气，这股臭气把他熏得眼冒金星、晕头转向，结果一下摔倒在路上。

“哎呀，是什么味道啊，这么难闻！”佩佩甩了甩头，把满眼金星甩掉，然后抬起头看看前面。

“到底发生了什么事呢？”佩佩想。

就在这时，前方传来了“轰隆隆”的声音，像打雷一样，佩佩仔细一看，哎呀，所有的鸟兽全都来了，正急急忙忙地朝这里跑呢！佩佩忙钻到土里，以免被动物们踩到。

群兽跑过，留下一片烟尘。

待动物们跑过去后，佩佩才钻出来，看着鸟兽们的背影觉得很奇怪。因为老鹰并不捉旁边的喜鹊，而老虎也不去窥伺旁边的梅花鹿，这一切的一切都很反常，不符合逻辑。而这又是为什么呢？佩佩的心中画了一个大大的问号。

突然又从那个方向浩浩荡荡地来了一队蚂蚁，为首的蚂蚁脑袋之大，简直可以和天上的太阳媲美了（因为佩佩看太阳的时候只能看到那么大，而且在佩佩的世界里，太阳是最大的东西，因此做这样的比喻），所以姑且称他为“大头蚁”吧。

说起来，佩佩还是这只大头蚁的恩人呢。那是在一个雨夜，为了防止雨水冲毁蚁穴，伤到同族的性命，蚂蚁们在高地建了一个新蚁穴，可是因为大头蚁的头太大，成为大头蚁的累赘，而且他们这次新打的窝上，土堆非常高，大头蚁一次又一次地摔下来，半天还没爬上去，但他的同伴早已上去了。他们在土堆上向大头蚁喊："加油啊，嗨哟！加油啊，嗨哟！"然而，他们把嗓子都喊哑了，大头蚁却还在下面徘徊。最后，出来散步的佩佩发现了他，于是便把自己细长的身体一搭，让大头蚁顺着自己的身体爬上去，这才使大头蚁回到了家。

因此，佩佩与大头蚁成为好朋友。

于是佩佩便滚了过去，"大头蚁！"

再说那只大头蚁，正在急急忙忙地赶路，走着走着突然眼前出现了一只金黄的蚯蚓，也着实吓了一跳，待看清是佩佩后才放下心来，"啊，原来是佩佩啊，有什么事吗？"

佩佩看着那些正在远去的动物们问大头蚁："为什么他们离开了那片森林呢？"

不料大头蚁却哭了起来，"从前我们在那里生活得很幸福，可是有一天突然来了很多两足行走的猴子，他们建了很多洞口朝天的洞穴，听他们说那个叫什么……烟囱，第二天，那些洞穴里钻出了一条条黑蛇，四处噬咬，整片森林被他们搞得乌烟瘴气。我劝你别去了，不然你会被熏晕的。"说完大头蚁便急急地带领着自己的蚂蚁队伍走了。

到底是什么蛇呢？刚才的问号抹掉了，可佩佩的心里又画了一个更大的问号。他要把这个问号也抹掉！于是佩佩又向前走去。

佩佩有点心急，他瞄准了方向，身子一躬，一下盘成圆轮，"嗖嗖"飞速滚动起来。

佩佩被一截枯树桩拦住了，他弹起身子一望，不由被眼前的景象惊呆了，这和他从前看到的百花争艳、群鸟争鸣、枝繁叶茂、一派生机的景象迥然不同：从烟囱里钻出了一条条巨大的黑蛇，嘴里喷着黑烟和令"蚓"作呕的气味，噬咬向天空，反扑向陆地，而天空瞬间变得阴暗，浓烟浊气如乌云般扯成了一道屏风，将太阳公公拒之天外，天地间一片昏暗；烟囱下面的污水管汩汩地冒着腐质怪味的液体，流进了小溪，流进了大河，把小鱼闷得使劲儿将头伸出了水面，但那也无济于事，一会儿，河面上就漂满了鼓着白眼的死鱼；那污水还流进了土地，把土地搞得一塌糊涂，臭气熏天。这些可恶的家伙竟然还唱起了歌：“啦啦啦，我们是强盗，我们是污染土壤的主力军!”

土地爷爷呢?佩佩突然想起了此次来访的目的，他四处寻找起来，这才发现土地爷爷已经躺在那里不省人事了。

“爷爷，爷爷!”佩佩焦急地呼唤着。

“啊……”土地爷爷微颤颤地睁开了眼睛。

“爷爷，您好了?”佩佩焦急地询问。

土地爷爷没有回答，他的眼睛紧紧地盯着佩佩，搞得佩佩有点丈二和尚摸不着头脑。

突然，土地爷爷一把抓住了佩佩，“小蚯蚓，你一定要帮助爷爷啊！赶走这些强盗！刚才你都看见了，他们在这里为所欲为、为非作歹，你一要好好地惩罚他们!”

佩佩看着土地爷爷的眼睛，坚定地点了点头，“爷爷，我一定会把他们赶走的!”

土地爷爷看着佩佩坚定的眼神，长舒一口气，“你现在要做的，就是去找花仙子，她有一种魔法，可以打败他们。不过在此之前，你要找到一只燕子，动物们都叫他‘燕子大叔’，只有他才知道花仙子的下落，你能完成吗?”

“能!”

“好，那现在我就把你送到那片森林，能不能找到燕子大叔就靠你了。”

还未等佩佩回答，土地爷爷便念起了咒语，“呜呜呜，大风吹呀，把这只蚯蚓送出浆果森林!”

土地爷爷念了一遍又一遍。

佩佩闭上了眼睛。

忽然，佩佩觉得自己浑身轻飘飘地，随即感觉好像飘了起来，佩佩睁开眼一看，哇！自己真的飞了起来!

黑蛇们还在四处疯狂地噬咬着，他们全然没有注意到正在天上飞行的佩佩。虽然如此，佩佩还是很担心，他紧张地四处张望着，生怕哪条黑蛇会发现自己。

正飞到一半的路程时，一条刚从烟囱里冒出头来的黑蛇发现了佩佩，“看，这里有只会飞的蚯蚓！”

又有一只黑蛇大喊：“这不是首领要我们抓的那只蚯蚓吗？快抓住他！”

可是这些大黑蛇哪能阻挡得住土地爷爷的咒语呢？佩佩灵活地绕开了他们，径直向前飞去了。

“爷爷，你放心吧，我一定会把这些坏家伙赶走的！”佩佩在上空向土地爷爷喊。

## 三　遇到燕子大叔

佩佩在上空飞啊飞啊，飞了很长时间，飞得晕头转向，于是佩佩索性闭上了眼睛。突然，他感觉撞到了一个毛茸茸的东西，随即便和那个毛茸茸的东西一起落了下去，“啪”的一声，他们落到了泥潭里。这下可好了，蚯蚓变成了泥蚯蚓，那毛茸茸的东西呢，你来猜一猜，对啦，是一只泥鸟！

佩佩睁开眼睛一看，高兴得一蹦三尺高，因为那鸟正是一只燕子，他正直愣愣地看着佩佩，一副惊讶的表情。佩佩赶紧在旁边的水里打了个滚儿，把身上的泥洗干净，燕子的表情更惊异了。“他肯定是惊讶为什么这只蚯蚓会飞，更惊讶的是这只蚯蚓为什么是金黄色的吧！”佩佩想。

这只燕子的羽毛末端皆为墨色，我们就叫他“墨羽燕”吧。

佩佩连忙爬起来对墨羽燕说：“您好，您是燕子大叔吧？”

墨羽燕也反应过来了，“哦！不不，我不是燕子大叔。最近我们浆果森林的土壤污染得很严重，所有的鸟包括燕子大叔都走了，只有我还留在这里守护这片森林。”

佩佩好感动，他用尾巴拉住墨羽燕的翅膀说：“我叫佩佩，我也是因为一片森林的土壤被污染了，才奉了土地爷爷的命令来找燕子大叔的，然后再通过他的指引找到花仙子，这样我们就可以打败那些坏蛋了！”

墨羽燕也很激动，“想不到我们志同道合啊！我们一起去找燕子大叔怎么样？”

“好啊！”佩佩高兴地答应了，他正愁路上没有一个朋友呢，况且这个朋友还是免费的飞机。

“你到我背上来吧，这样可以加快速度。”墨羽燕把他带有墨色尾尖的翅膀平展开来，伏在地面上，好让佩佩爬到自己的背上。

佩佩自然很高兴，他爬上了墨羽燕的背，觉得比在风中飞舒服。

“飞喽！”墨羽燕展翅飞上天空。

佩佩四顾周围，见到四处没有一棵树，只有树墩，这里不应叫浆果森林，而应该叫树墩森林；而且这里刚下了一场雨，所有的树都被砍光了，很多雨水渗不到地下，所以浮在地面，上面漂着些树叶之类的东西，发出一阵恶臭……这里的情况不比土地爷爷那里好多少。

他们飞过了一片麦田，墨羽燕停在一个篱笆上，“飞了这么长时间，肚子有点饿了，吃点麦粒吧！你吃吗？”

“我们蚯蚓是吃泥土的。”佩佩说完便顺着篱笆爬到了地面上，准备钻进土层吃泥土去了。

“蚯蚓真的吃泥土吗？”又是那只小狐狸啊，他的问题太多了，他又把他的小爪子举了起来问我。

我端起河马妈妈送给我的橙汁喝了一口，又娓娓道来：“有些蚯蚓把吞咽下去的泥土带到土表，又以小土粒或蚯蚓粪的形式将其排泄出来，他们也会伸出洞外，拖一些地上的植物残叶为食。如果没有蚯蚓，泥土很快就会变得坚硬，毫无生命力，所以蚯蚓也是土壤的一大保护神呢！”

小狐狸以点头来表示自己明白了。

我一仰头把那杯橙汁喝完，又继续说佩佩的故事。

可是墨羽燕刚吃了几个麦粒便摇摇晃晃地差点从篱笆上掉下来，佩佩也晕晕乎乎地从土层里爬了出来。佩佩刚爬进土层便觉得这土的味道异常难闻，且非常坚硬，很难钻入也没法吃，于是便一口没吃，赶紧爬了出来。

佩佩看见地上有很多死掉的虫子，又发现地上有很多废弃的农药袋和化肥袋，便明白了是怎么回事。原来是农民们为了防害虫，提高产量，滥用农药化肥，才使食物有了毒性，而且由于使用化肥过度，也使土地板结化了。

人类不仅破坏了植物，连土壤也破坏掉了。难道他们不怕自己也中毒吗？

佩佩再回头看时，墨羽燕已经躺在地上奄奄一息了。佩佩忙跑过去问："墨羽燕，你怎么了？"

"我吃了有毒的麦粒，已经不行了。你能原谅我吗？其实我就是你要找的燕子大叔。花仙子就在最南方的百花园中，你现在要把我的翅膀拿下来，把它们拼合在一起，然后你就能乘着它们去百花园。"

墨羽燕说着拆下了自己的翅膀，随后一阵颤抖，便永远地闭上了眼睛。

佩佩含泪拿起了墨羽燕的翅膀安到了自己的身上，随后奋力拍打翅膀，飞向了天空。

"快来看这只奇怪的燕子啊！"在他飞起的一瞬间，他听到了地面上孩子们发现没翅膀的墨羽燕时的惊讶叫声。

## 四　掉进鹰窝

秋高气爽。

风静静吹过，湛蓝的天空下白云丝丝缕缕，美丽鸟儿们清脆的叫声响彻天空，草地上爬虫跑兽欢悦嬉戏，溪水潺潺，枝叶沙沙，草地森林一片金黄，这真是一片没有污染过的圣地啊！

佩佩飞过一条小溪时，飘过来两片云，其中一片是三角形，一片是球体，他们正惊讶地看着佩佩。

“这个是什么呢?”“三角形”首先问。

“是只鸟吧?”“球”也充满好奇。

一阵风吹过，两片云变了形。“三角形”变成了一个熊猫头的样子，而“球”则像个甜甜圈似的飘在空中。

“也许他是要去哪里旅游吧?”“熊猫头”又转入了另一个话题。

“或许只是个流浪汉罢了。”“甜甜圈”予以不屑。

待佩佩飞过，又刮起一阵风，两片云合到了一起，变成了一只蝉的样子，“知了，知了，他是要做大事的蚯蚓哦!”

佩佩飞进云彩，透过云彩看见一片朦胧的新绿，哈，原来是一片树林，不，是一片大森林!

他停在一棵树上，想稍事休息再继续上路。

烈日炎炎，虽树叶密铺，可佩佩的翅膀太大，它钻不进去。

突然，炽热的阳光投下一片阴影，刚好罩在佩佩身上，很凉快。

但很快，佩佩闻到一股腥风，他抬起头，只见一只大鹰正在他的上方盘旋着，死亡的恐怖阴影正在佩佩身上一点点扩大，这只鹰把佩佩当成了可口的食物——鸟。

那鹰头顶上有一点红羽，我们就叫她“一点红”吧。

佩佩奋力展翅，一点红在后面奋力直追，佩佩看了看这只傻鹰，哭笑不得地说:“我不是鸟，我是蚯蚓!”

一点红残忍的眼睛里射出凶光，“你当我傻啊?有一双翅膀，不是鸟还是什么?”

佩佩无奈，只得继续飞。

天空上，有两个矫健的身影在盘旋。

鹰到底是鹰，很快便抓住了佩佩的翅膀，佩佩使劲挣扎，最后“嘣”的一声，佩佩的翅膀脱落了，他直线下降，掉进了一个草窝，然后两眼一黑晕了过去。

又是一阵刺鼻的腥味，佩佩睁开眼，妈呀，四只半大小鹰正用惊恐的眼神看着他。他们虽是半大，可是羽毛却也快覆及尾羽，也是即将叱咤于蓝天的鹰了。这哪里是草窝，分明是鹰窝啊!

又是一个阴影，佩佩抬头一看，是一点红，她正盘旋下降，而目的地正是鹰窝。

死亡再次降临。

## 五　窝里斗

当时正值秋季，草和枝干上的叶子都呈金黄色，正好和佩佩身体的颜色混为一色，佩佩赶紧装成一个枯枝，伪装在鹰窝上。嘿，如果不仔细看呀，还真难辨别出哪个是佩佩，哪个是枯枝呢！

一点红站在鹰窝上，将佩佩的翅膀撕成碎片，喂给那四只小鹰，佩佩可受不了这种场面，他把眼睛闭上，吓得大气不敢出，生怕一个细小的动作自己也会落得像那个翅膀一样的下场。可是还有一件事情让佩佩奇怪，那就是那四只小鹰始终没有向一点红说出佩佩的事情。

突然，一点红嗅了嗅周围，“怎么有股蚯蚓味?”

佩佩的神经马上高度集中起来，他知道一点红说的蚯蚓味正是他身上的味道。

其中一只小鹰马上回答说：“不会的，妈妈，您闻错了吧，这不是翅膀的味道吗?”

一点红不再说话，或许她觉得一只小蚯蚓不会对自己的孩子造成太大的威胁，也许她以为是风伯伯与落叶赛跑时送来的气味，也可能是她对带着泥土腥味的蚯蚓肉不感兴趣，所以她便不再过问。

过了一会儿，佩佩感觉一点红好像飞走了，这才敢微颤颤地睁开眼看看四周。哈！一点红果然走了，而那四只小鹰正并排看着他。

佩佩爬起来，详细地一一打量着小鹰，嘿嘿，他们由高到低排列着。那只最大的小鹰首先发问：“你是谁，怎么会掉到我们的鹰窝里?”

佩佩便把刚才的经历复述了一遍，随即便开始反问他们：“你们又是谁?”

“我是这窝里的老大，叫赤羽；这个是老二，叫秃颈；这个是老三，是只雌鹰，叫彩虹；这个嘛，是老四，哈哈，是个大笨蛋！叫青尾。”赤羽在介绍自己的时候，语气中透露出明显的骄傲；而在说青尾时，语气中则毫不掩饰地流露出轻蔑和鄙视。

佩佩仔细一看，嘿嘿，果然，赤羽的羽毛呈火红色，展翅时，犹如一只火光灿烂的神鹰；秃颈的脖颈不知怎么少了些毛，露出了皮肉，叫他秃颈也实不为过；而那只雌鹰的羽毛则与众不同地呈现出了七彩色，真如天空的彩虹一般艳丽；而青尾的尾羽则像天空般蓝，而且很长，像扫帚一样扫着地面。

佩佩茫然地看着青尾，发现青尾的眼睛里闪射出睿智的光芒——并不像笨蛋啊?

赤羽好像看出了佩佩的茫然，于是便说："在鹰的社会里，生活状态可以用一个成语来表示——弱肉强食。他虽然聪明，可是没有强健的体魄，那就是一个将来会被淘汰的废物，那就是一只生活在鄙视中的鹰，这就是'鹰道'!"

佩佩若有所思地点了点头，他为青尾的命运感到伤感。

佩佩突然想起了一个问题："你们为什么不吃了我呢?"

"因为鹰不吃蚯蚓。"他们异口同声地说。

佩佩放下心来，然后随着一阵不可抗拒的倦意，佩佩缩在草窝里昏昏然睡去。

一阵激烈的争吵声把佩佩从周公的茶桌上硬拽了回来，他睁眼一看，吃了一惊，只见赤羽正在奋力推挤着青尾，似乎要把青尾从鹰巢里推出去。赤羽的眼睛布满血丝，看起来凶巴巴的，而青尾也在努力挣扎，想退出格斗圈，他一边挣扎反抗，一边向秃颈和彩虹发出求救的叫声："快来帮帮我啊！一起反抗赤羽的暴政!"

可是哥哥姐姐似乎聋了似的，非但对青尾的求救置若罔闻，还悠闲地梳理着自己的羽毛。

佩佩看不下去了，他忙去阻止，"人类有句古话：'本是同根生，相煎何太急'，也可以说：'本是同鹰生，相推何太急'。都是同一个窝里的兄妹，为什么要那么残忍呢?"

哪知，赤羽说："青尾是一个弱者，留着无用，还不如把他的那份食物贡献出来呢。"说完便又一用力，青尾的生命便在生死线上徘徊。

现在对青尾而言，窝内是生，窝外是死，窝沿便是生死线，是阴阳两界的分界线！

青尾发出求救的哀叫，他又把目光投向了佩佩，那双眼睛里充满了祈求和恐惧。佩佩心里一阵战栗，他不能眼睁睁地看着一个生命在眼前消失。

他想去帮助青尾，可是为时已晚，青尾还未来得及再次呼救，便掉了下去。

窝内恢复了平静，所有的鹰都像什么都没有发生过一样，佩佩很吃惊，他们竟然会为了这么点利益而手足相残，真是一群名副其实的小魔鬼。

忽然，窝下传来了凄凉的叫声，所有的鹰包括佩佩都好奇地把头垂下去看，只见青尾的一只脚被缠在了窝的枯枝上，因为青尾较轻，所以枯枝也稍稍能承载青尾的重量，但是由于青尾垂垂挣扎，那枝干似乎也要断了。

鹰宝宝们又漫不经心地回到了自己的位置，或许他们已经看出青尾就要玩完了，所以便不再关心，当然也没有注意到佩佩此时此刻想要干什么。

前文提到过，佩佩的身体很长，所以佩佩利用这个优势，把身体当作吊绳，迅速把青尾吊了上来。

赤羽他们见此情景，便也不好意思再对青尾采取行动了。

## 六　青尾飞上天空

只要一点红不在，青尾在鹰窝中可以说是受尽了欺侮，有时连佩佩也看不下去了，但奇怪的是青尾一直默默地忍声吞气，没有做任何反抗。佩佩曾问他为什么，青尾神情凄凉地说：

“我身躯矮小，没法和他们抗争，只能忍着啊。”

转眼间，小鹰们可以“试飞”了，佩佩也想去，于是他便缠绕在彩虹那五彩缤纷的羽毛上，也跟着去了。

所谓“试飞”就是尝试飞翔，是鸟类们的必修课。

今天阳光明媚，春意盎然，好天气就有好心情，好心情就会有好运气，好运气就会有一个好的结局。

可是，四只小鹰在悬崖边缘皆战战兢兢如履薄冰，哆哆嗦嗦不敢向前，接下来发生的事让小鹰们不可思议，佩佩也没有想到：一点红“喀嚓喀嚓”把四只小鹰的翅骨全给折断了，也不管赤羽祈求的叫声，便把赤羽推下了山崖。

一声声凄凉的叫声从崖底传来，虽然佩佩不敢探下头去看，但是从其叫声中，不难听出，赤羽正在奋力拼搏。

假若赤羽的翅膀没有被折断的话，凭他的体格在短短几分钟内飞起来应该不成问题，可惜的是他的翅骨被折断了，要他飞起来的话可以说是对毅力的一次巨大考验。

“嘎!”悬崖下传来雄鹰亢昂的叫声，一团灿烂的火焰包裹着一只刚毅的半大雄鹰，如离弦的箭一般，直射云霄，最后飞回了原地。赤羽发出“咕嘎，咕嘎”欢快的叫声，他在庆幸自己闯过了这一关。

接下来的秃颈、彩虹都顺利地闯过了关，下一个轮到的就是青尾。

而可怜的青尾还在原地发出悲惨的叫声，在哥哥姐姐们的衬托下，显得格外渺小。

“嘎！嘎！看这只傻鹰多么胆小！总有一天会被丛林淘汰!”

“嘎！嘎！看这只呆鹰多么渺小！总有一天会被豹子吃掉!”

“嘎！嘎！看这只笨鹰多么软弱！怕是兔子也会把他追得团团转!”

“嘎嘎嘎!”三个成功者向软弱者发出不屑的嘲笑。

“嘎嘎嘎!”三个哥哥姐姐不仅没给弟弟鼓励，还进行了打击。

毕竟青尾流的是鹰血，霎时间，他的眼睛里没有了怯懦，没有了软弱，取而代之的是悲愤和力量，他的身躯在微微颤抖。

士可杀不可辱。人类的一句古话。

“嘎呀！嘎呀!”青尾昂首挺胸地向悬崖走去，一代雄鹰，岂容他鹰侮辱嘲笑!

一点红脸上流露出欣慰的表情，刚准备把青尾推下去，谁知青尾竟长啸一声纵身跳下悬崖，在练习飞翔中，没有哪只小鹰占主动权，青尾可能是小鹰中第一个自己跳下去的。

所有在场的鹰都很吃惊，佩佩也很吃惊，连风也停止了吹动，在天空中静静地看着。

世界一片寂静，只有青尾搏击的声音，又是一声啸叫，一只蓝色的精灵腾空直上，青尾完成了意志的考验、血泪的洗礼。

自从那天以后，四只小鹰的骨骼更坚硬了，按年龄来判断，他们就要离开一点红，叱咤蓝天去了。

# 七　人间丑剧

佩佩在鹰窝待了很长时间，与小鹰们建立了很深的感情，不过他还是决定离开这里，完成自己的使命。

佩佩没有了墨羽燕给的翅膀，只能再次使用最原始的方法——滚！

滚啊滚！滚啊滚……

一个身影出现在佩佩的上空，佩佩抬头一看，哦，是青尾。

青尾慢慢降落在他的身旁，“你这样走太慢，快爬到我背上吧。”说完俯下了身子。

佩佩突然想起了墨羽燕，啊，佩佩真感谢鸟类们，为他的任务做出了这么大的贡献。

他爬上了青尾的背，谁知刚起飞，突然飞来一只竹箭，正射在了青尾的头上，青尾身体抽搐了一下便不动了。

佩佩从那么高的地方摔下来，竟然一点事都没有——肯定没有事——因为他在青尾的身上，所以没有摔伤。

佩佩抬起头来一看，只见一个少年端着木弩带着一个五岁的小孩正向这边跑来，佩佩想钻进土里，结果那竟是沙化土地，蚯蚓根本钻不进去，佩佩绝望了，他只能任人宰割。

“呵！这里有个金黄色的蚯蚓。”那个小孩拖着鼻涕惊喜地说。

“这可真是个稀奇的事。”那个少年也蹲下来看着佩佩，“应该把它带给爸爸，爸爸会夸奖我们的。”

两人说完，捡起青尾，又把佩佩装进了一个玻璃瓶里，然后蹦蹦跳跳地回去了。

佩佩在玻璃里颠来簸去，很难受。

佩佩在心里很替青尾伤心，也很自责，有两只鸟因为帮助自己而死去，可自己竟然安然无恙。

颠簸停止了，佩佩睁开眼一看，有一个带着小庭院的二层小阁楼出现在眼前，还有一只狗摇头晃脑地在四处追捕小鸡，阳台上蹲着一只猫，正享受着秋日午后难得的阳光。

“爸爸！”那少年又捧着装佩佩的瓶子，跑上了阁楼。

随即响起了一个尖利的老男人的声音：“都别给我吵！”

佩佩抬起头来一看，一个衣着陈旧的中年男子正捂着座机电话的对话孔向那两个小孩凶神恶煞般地吼着。然而接下来的一件事让佩佩目瞪口呆，那人随即又换了一个面孔，那么温柔且有一点惊恐，“老板您先听我说……”

哼，人类丑恶的嘴脸。

于是那两个小孩便乖乖地抱着瓶子待在那里，等那个中年人打完电话。

中年人挂掉电话时如释重负地松了口气，才转过头去问那两个男孩：“什么事？”语气还是那个样子，凶巴巴的。

那两个小孩忙把瓶子递了上去。

中年人的眼睛瞬间发出了亮光，眼睛直勾勾地盯着佩佩，“这可真是个稀有玩意儿，你们是从哪里弄的？只是不要在他身上涂了黄颜料来糊弄我才好。”

佩佩在里面翻了个身，用头使劲撞着玻璃，这个玻璃瓶里的氧气快要用完了，他想让那人把瓶子盖打开一下，好让他呼吸一点新鲜空气，可是那人只顾低头自言自语，“这般的好东西，应该送给老板才对，也许他会给我好处呢……”

“污浊败类！”佩佩狠劲地骂，可惜的是佩佩的声音太小，那人根本听不见。

“爸爸！这里还有一只鸟！”那两个小孩说着就把青尾拿了出来。

“你们把这个瓶子放到窗户前，别丢了。”中年人显然对青尾不感兴趣。

那个少年独自去了阁楼，把佩佩放到了阳台上，然后对太阳下正熟睡的猫说：“听着，不要碰这只蚯蚓！”

那猫翻了个身，发出“咕噜噜，咕噜噜”的声音，根本没有听到少年的话，依然睡得很香。

少年极不放心地下了楼。

“砰！”少年把门关上了。

“喵!”关门声太响了，猫一下子醒了。只见那猫轻轻一跃，就跳到了玻璃瓶边，然后，用他圆溜溜的眼观看他。

“难道这只猫也是因为好奇我的颜色吗?”佩佩想。

那猫长着一双与众不同的蓝眼睛，那就暂且叫他“蓝眼珠”吧。

蓝眼珠围着玻璃杯走，眼睛盯着佩佩看。

“真是稀奇的东西啊!”那猫发出了和中年人一样的感叹，“朋友，你好吗?”蓝眼珠问佩佩。

“你只需要帮我打开一下盖子就好。”佩佩在里面有气无力地说。

蓝眼珠四只爪子抱住玻璃瓶，然后又用牙齿咬住塞子，塞子发出“咯吱吱，咯吱吱”令“人”毛骨悚然的声音。

最后“嘣”的一声，塞子拔出来了，佩佩也呼吸到了空气，感到身心愉快。

佩佩问蓝眼珠：“你能带我离开这里吗?”

“为什么要离开这里呢?”蓝眼珠问，“在这里不是很好吗？有鸟叫，有阳光，还有食之不尽的食物，我们就像贵族爵爷一般快乐。”

“可是我要完成一个任务，一个非常重要的任务。”

“这真是可笑啊!”那猫眼里露出了讥讽，“这么悠闲的日子不过却要去完成累人的任务，真是浪费时间。”

“咯吱”，门开了，蓝眼珠忙回到阳台上，打起了盹。

那个中年人和少年进了这个房间，见到蓝眼珠在阳台上躺着，便拍了少年一下，“傻瓜！万一猫把蚯蚓弄死怎么办？看我把猫赶走!”说完夺过了少年别在腰里的弹弓，顺手拿起盆景里的一块石子，然后瞄准猫发射，结果石子歪了，打中了囚禁佩佩的玻璃瓶。

“哗啦”，囚禁佩佩的监狱掉到地上，碎掉了。

佩佩不是傻瓜，怎会等着中年人来抓他，佩佩急忙团成一个球滚了下去。

阁楼上传来了中年男子愤怒的声音："混蛋小子，一定是你的弹弓坏了，不然我不可能打偏!"

## 八　找到花仙子

佩佩逃出了小院，艰难地滚动着——秋深了，起寒风了，落雪了，雪又开始融化了——佩佩，坚强的佩佩一直没有停止自己寻找花仙子的步伐。

"呼——"刮起了一阵温柔的春风——春天到了。

万物复苏，整个大地焕然一新（前提是没有人类到来时的痕迹），柔和的阳光下森林枝繁叶茂，一只小鹿跑过，惊起了一群飞鸟。溪水下各种各样的鱼色彩斑斓，给无声的水底世界增添了一线生机。

"呼——"又是一阵风，紧接着大片的蒲公英种子铺天盖地地飞了过来，那场面真壮观啊，佩佩呆在了原地，欣赏这难得一遇的景观。

这时，一粒蒲公英种子停了下来，好奇地看着佩佩。

"难道他也是好奇我的肤色吗?"佩佩这样想，事实也正是这样。

"嘿，朋友。"那蒲公英问，"你是怎么回事呢?是被太阳洒上了金光，还是掉进了人类的染缸?"

"这是我天生的颜色。"佩佩倒也不在乎别人对他肤色的好奇了，"你们这是要去哪里啊?"

"我们要到百花园去!"蒲公英得意扬扬，"我们要在那里生根，然后再播撒出更多的种子。"

佩佩心中一阵窃喜，哈哈，可以让他们带我去啊，他们就像一架架直升机，速度也很快啊!

"你们可以带我去吗?"

"可以。"蒲公英欣然应允。

于是佩佩就像坐直升机一样很迅速地到达了百花园，其速度连佩佩都有点吃惊。

百花园中鲜花摇曳，摇得佩佩眼花缭乱。

佩佩很苦恼：偌大一个百花园，怎样才能找到花仙子呢？

佩佩四处张望着，忽然看见远处有一团光，照亮了整个百花园，“难道花仙子在那里吗？”佩佩想。

佩佩滚过去，果不其然，一个长发飘飘的漂亮的女孩子正端坐在一个花蕾上，她的头上有一个镶有珍珠的花圈，在阳光下一闪一闪的，她就是花仙子吧？

哈哈，踏破铁鞋无觅处，得来全不费工夫。

佩佩没有腿，没法跪下，只好盘成一圈，头微微低下，以示对花仙子的恭敬。

花仙子睁开眼，见了佩佩，稍稍吃一惊，随后上上下下打量着佩佩。

“花仙子也奇怪我的肤色吗？”佩佩想。

花仙子很快回过神来，问佩佩：“小蚯蚓，你来有什么事吗？”

于是佩佩便把事情的前因后果详详细细地说个清清楚楚。

花仙子听了后很感动，“你真是一只可爱的小蚯蚓，这段旅程使你变成了一只坚强的小蚯蚓，我愿意帮你打败那些坏蛋。”

佩佩听了心里好高兴，辛苦总算没有白费。

花仙子拿出了一个小玩意儿，佩佩一看，原来是个小玻璃盒，上面有一个红色的按钮，在阳光下闪闪发光。

这个能干什么呀？佩佩很疑惑。

花仙子看出了佩佩的疑惑，说：“等你到了那里的时候按一下红色的按钮就可以了。”

这时，花仙子采下了一片花瓣，向佩佩扇了扇，嘴里还念着和土地爷爷一样的咒语：“呜呜呜，大风吹呀，把这只蚯蚓送到浆果森林！”

又刮起了一阵大风。

眨眼间，佩佩又回到了浆果森林。

那些黑蛇们正在那里盘卷着，四处肆虐。

## 九 保护土壤大作战

其中一条最大的黑蛇正耀武扬威，喷云吐雾。

忽然看见一个东西出现在自己面前，他着实吃了一惊，待看清是佩佩时，脸上又出现了狞笑。

“哈哈，小蚯蚓，你又回来了，你这是自取灭亡呀！哈哈哈……”

瞬间，几百条小黑蛇借助于风力迅速向大黑蛇靠近，并与其融为一体，很快，一只长着三只眼的蛇出现在佩佩面前。

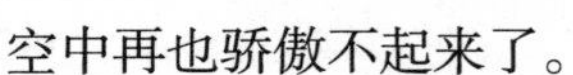

三眼蛇张牙舞爪，向佩佩扑来，佩佩见状赶紧按了那个按钮，瞬间出现一片火红色的光，三眼蛇大吃一惊，刚准备逃跑，可已经迟了，红光已经照到了他，而佩佩也一阵晕眩，倒在了地上。

佩佩被一阵阵汽车的响声吵醒，发现那一个个大烟囱已经倒塌，原先神气活现的三眼蛇飘在空中再也骄傲不起来了。

旁边有几个人在说话：

“这里的污染真严重啊！”

“嗯，恐怕要好多年才能整理好呢。”

……

在一辆车上挂着一个标牌：中国××省环保组织。

原来花仙子给佩佩的那个东西不仅能打败大黑蛇，还能让很多本性好的人来管理这里。

佩佩仰天长笑——

## 尾　声

因为佩佩为保护土壤做出了突出贡献，所以花仙子愿意满足佩佩一个愿望，而且再三强调，只能满足一个愿望。

“许一个什么愿望呢？”佩佩边想边走。

忽然，从一个小房子里传来了呻吟声。

佩佩赶紧跑过去，看看究竟发生了什么事。

原来是一个小孩食物中毒，已经奄奄一息了。

哦，佩佩认出来了，他就是那个发现墨羽燕的孩子。

墨羽燕吃了有农药的麦粒被毒死了，这个孩子吃了墨羽燕的肉也中了毒，这是恶性循环啊，人类不仅伤害了动物，还伤害了自己。

看着孩子痛苦的面庞，佩佩心中不禁抽搐了一下，这个孩子毕竟是无辜的啊。

于是佩佩心中默念：“让这个孩子好起来吧，让这个孩子好起来吧。”

那个孩子的身上发出了一道光，随即病便好了。

那个孩子和母亲紧紧地抱在了一起。

佩佩笑了起来，笑出了泪。

其实佩佩还有一个愿望。

就是环境能变好。

“他的愿望会实现么？”我看着小狐狸笑眯眯地问。

那只小狐狸和其他很多小动物都举起了双手，大声说：

“会的，一定会的，只要我们一起努力，就能使环境变好！”

# 看不见的光

作者：林文清

插画：王楚斐

## 作者简介

鄙人姓林，名文清，年方十三，绰号巨多，其实我不介意别人称呼我为“半仙”。

作为一个外形彪悍至极，内心漂浮不定，情绪变得比翻书还快的优良品种，当吾心里想着写那些凄美动人的故事的时候，总是会有一些毁三观、毁五感的崩文出现，极其不正经的文风导致无数读者的胃酸喷涌而出。

而当现在，我想写一篇略带凄美的文时，结果却与意料不同，这种情况下，吾只好拼出一口吃三个包子的劲，将文风从崩坏的边缘一次次拉回。

记住，咱就是21世纪的好妹子，咱就是世界上最“啪唧”的物种，咱就是将来最飞黄腾达的人！咱就是……开开玩笑……

谨以此文，祭奠已经逝去的那些东西……

# 一　漂浮不定

我是一粒灰尘，是在人类眼中微不足道、可有可无的灰尘。

我是灰尘家族的异类，我不怕风吹，无论风有多大，我都不会随之飘零；我会说人类的语言，灰尘家族规定过，会其他种族的语言，将会受到同类的歧视；我有自己的思想，我不愿遵循家族长老的成规，我的思想与他们背道而驰，这便是忤逆之罪。

我被逐出了家族，遭到了各类同胞的排挤，无藏身之处。在人间，人们似乎也排挤着我们，甚至我感到，他们排挤了他们自己。我总觉得，在空气中，透射着一种可怖的光，若有若无，若隐若现，伸出不存在的手，摸不到，瞪大本该没有的眼，瞬间消失。这光，与我们所有的生物和非生物作着对，让我们不得不面对，它充斥着每一个角落，危害着人间。

现在的我，急于逃脱这光芒的笼罩和家族的束缚，我想找一个地方，可以为我撑起一片遮蔽的地方，然后全心全意地依靠着那个地方。或者，找一个人类，这样也保险，毕竟他们看不到我，不会对我不利，我甚至想好了，以我灰尘不死的血脉，护着那人——即使护不住了。

我离开了直系家族的领地，前往了一座没有听说过的城市，我漂浮在空中，空气中也隐约可见悬浮的颗粒物，污浊得无法呼吸。我问自己，这就是人类为自己创造的家园？我庆幸自己是灰尘，不需要呼吸，否则我早已不存在于这世上了，这气体，大有将人气管堵塞之势。

也许是环境的不适应，我似乎窒息了，我的大脑一片眩晕，控制不住地四处乱飞，跌跌撞撞，眼睛模糊中看到了城市的光景——根本不配用“光景”这个词来形容！假如只有高楼大厦而没有一草一木就算是美景，那么，这里就算是美景了。

我想不通了，人类为什么要这样破坏赖以生存的环境？只是为了他们所谓的高科技吗？利益利益，全是利益，我以一颗灰尘的角度，感到人类是那么的愚钝！可我不能说什么，我只能看着，只能继续寻找可以依赖的人。但我发现，我现在连脚跟都站不稳！这要怎么找依靠啊！

我继续跌撞着，控制自己的重量，随着风去了。漂浮之中，我缓缓地闭上眼，细细地听着嘈杂的声音，渐渐地，听不清了，一切机械运转的声音，近乎飘渺，似与我隔开，隔到了另一个世界中。只是，我依然感到有束光跟着我，怎么也甩不掉。我也不再去想那道光的利与弊，慢慢地，梦会周公。

我醒来时，已然被一堵墙挡住了去路，风也停了，剩下我贴着墙缝，几乎陷进去。我浮起，顺着漂白了的墙壁向上，直到我看见了一个放着仙人球的窗台才落下。向屋里看，是个女孩，双手搭在膝盖上，身体向前倾着，盖着雪白的被子，铺着雪白的床单，身旁的白桌子上也放着一盆仙人球，刺已经很长很粗了，在满目的花白的映衬下，刺眼得很。

我飘进屋，环顾四周，全是白的，那女孩没注意到我——她也不可能注意到我，我太小了。

我飘到她身边，慢慢地降落……

## 二 有女江溪

我轻轻地落在她的手上，莫名其妙地感到一种温馨，这久违的温馨似乎与这个世界所不符，这世间充满了仇恨，难得有一个地方，可以让我有片刻的安心，一种要永远待在这的感觉油然而生。

我抬起头，看向她那双似乎洞穿了一切的眸子，这双眼睛一点神情都没有，像是完全空白，但又包罗了世间万象，笼盖了世界上所有的真善美、假丑恶。虽然这样的说法很夸张，但我还是坚信，我涉世以来没有见过这样的人。

我轻声问：“这是哪儿？你是谁？”

“这是医院，至于我嘛，我叫江溪。”

我为之一惊，这是一种淡淡然的语气。

这种没有来头的声音，不是应该让人恐惧的吗？为何她的语气中满是平静，像一杯端稳了的茶，没有一丝波纹？

不服的感觉驱使我问了一句：“你看得到我吗？为何不怕？”

接下来，她的回答使我震惊了，“就算是有个庞然大物站在我面前，也形同虚无之物。”

我沉默了，这意味着什么？她是说，她瞎了。

见我不做声，她又接着说：“我瞎了，看不见了。”又是那种令人恐惧的平静。人类杞人忧天的本性呢？他们不是应该对自己的“杰作”哀声连连吗？我想，我若是她，便会抱着身边的人痛哭一场。这女孩，当真是没有一丝哀怨？

“怎么瞎的？”说出这句话后，我自己也吓了一跳，这样问，会不会太唐突？

“白内障恶化。这眼睛没有也罢。”

“白内障？”这倒是常见的病了，但据我所知，再严重的也不会如此。

“你知道有种东西叫作辐射吗？”她嘴角勾起一丝苦笑，语调流露出一丝淡漠，还是像那盏茶，只是杯中的茶水，微微泛起了涟漪，一圈一圈，缓缓荡开，又趋于平静。

“辐射是那种电器发出的刺眼的白光吗？”

“这东西是看不到的。其实，我这白血病也是辐射害的。”

我突然感到有一种什么东西塞住了我的喉咙，使我说不出一句话，迫使我只能待在那个她看不到的地方愣着。

她的声音再次响起：“我父母，也因为这个死了。”

我有些错愕地瞪着她，想要从她的语气中读出一些哀怨，可是，我错了，这个女孩似乎有着超出她年龄的平静，或许可以用人类的一个流行语来形容——淡定。对！超出常人的淡定，那些学者大儒，遇到这种事恐怕都难以平静地叙述，而她做到了，这让我这个不该有思想的非生物感到惊讶。

我小心地措着辞，生怕戳到她的痛处，“你说，假如我到你眼前，你能看到我吗？”

“能不能，不是眼睛说了算的，是心。”

她将搭在膝盖上的手抬起，我便也失了重，漂浮起来。

“我感觉有个东西从我手上离开了，是不是你?”

我暗叹她的聪明，暗叹她的感觉灵敏，暗叹她异常的淡定。

“是我，我是一粒灰尘，被家族抛弃了的灰尘。”

“为何抛弃你?没有真正的抛弃，只是排挤吧？不过，你可以挤回去。”这是安慰还是戏谑？我宁可认为这是平淡地道出事实。

沉默一会儿，她又道：“也许我不知道情况，别放在心上。我觉得你有思想，任凭是谁都该有思想。”

不知情况又如何？这话，分明是哲学家的话！

“我能留下来吗?”说了这个请求，我默叹一声。谁愿意与一颗灰尘为伴呢?我真是傻啊。

她的回应又出乎了我的意料，她同意了，理由为，除了我，她没有别的伴了。

“我要看书了，小灰尘你要一起看吗?”说着，她拿起放在枕边的一本书，翻开书页，她抚摸着上面那些凹凹凸凸坑坑洼洼的符号，嘴角勾起一丝笑。我在外面见过的孩子，抱着那些厚厚的书本，一副不情愿的样子，趴着、躺着百无聊赖地读着。也许是因为所处环境和条件不同，她读起那些别人读不懂的书时，竟浮现出骄傲自豪的神情，那种说不出的自豪感。

我没回答她邀请我看书的问题，一是因为我看不懂那文字，二是因为我在想她说的话，实在是没有时间再去看书。

江溪，春江微泛涟漪，溪流映衬蜀山碧？我不知晓这词汇是哪里来的，或许，只有如此高雅的词藻才配得上她不同寻常的品性。

从她手上离开，我飘到桌边仙人球的一根刺上，想着她那句“你有思想”。

她看不到，但我看到了，窗外，似乎依然有着那耀眼的白光，刺透了骨髓，让人窒息，她说过，那是辐射，无处不在的辐射。

# 三　准备穿越

也许说，现在的我找到了一个可以依靠的人，那么，那个让我依靠的人，是不是也找到了一个可以陪她的人或物？

灰尘可以无止境地不眠不休，但人类不可以，于是，那个女孩在“看”了三个小时的书之后，睡着了。看着她安然入睡，呼吸变得绵长，我飘出窗外，再次落在楼顶，俯瞰着大地。本来宽敞的道路，因为那些堵在那慢慢蠕动着的车变得狭窄起来，容不得一个路人插足，甚至连一只狗、一只猫都挤不进去。那些汽车尾气散在空气中，漂浮着到了我的面前。

我离开了这个地方，到了郊区的一片绿地上，那里可以有片刻的清净。

那里是这座城市的最后一片净土，有着不同于城里的氛围，虽不比那古树林，但也是有几棵可以遮挡炽热白光的树。

我突然想到，江溪长时间待在医院，是不是没有看过那芳草萋萋，花开瓣颤？我有了一个似乎不切实际的想法，我想带她出来，哪怕我对自己的行为不负责任，对她不好，我也要带她出来，让她在最后的日子里，过得快乐一点——患白血病的人是活不长的。

我落在草叶子上，看着天空，记得很久以前，这天很蓝。

曾见，暖阳光耀灼灼，百草熠熠生辉；曾见，鸟雀栖息枝头，俯喙轻理羽毛；曾见，行人踏足草地，柔叶几番舒展；曾见，那些见不到了的美景……我亲身经历了南朝五代十国，沧海桑田百般变迁，这片土地拥有过的无穷魅力，却葬送于这一代的人类。

过了许久，以至于我都迷迷糊糊地睡着了。

日暮，血红的残阳发出微弱的光，与那白光融为一体，更加炽热了。于是，我便离开了那片草地，再次飘向医院，我怕她找不到我会孤单，毕竟她身边没有别的人了。

我回到医院时，她还在房间里，未曾出去透一口气，不得不承认，医院的消毒水可谓消毒水中之上品，那强烈的气味，就算是嗅粘膜出问题的人都能闻到。

“小灰尘，你回来了吗？”

“回来了，你怎么知道的，你不是看不到吗？”

“凭感觉喽，你知不知道，感觉你很亲切哦。”

“就陪你待了两天，还不至于这么熟络吧。”我口是心非地说。

“熟络，当然熟络，咱们谁跟谁啊。”

我渗出了一层不存在的冷汗，明明昨天她还像个大人似的，今天怎么就像是退化了好几个年龄阶段？

“小尘啊， 你带我出去玩吧。”

这句话再次让我震惊，我意识到，原来我的思想那么迟缓！想了那么久的事情，人家早就有了想法。并且，她那个撒娇的语气，使我的鸡皮疙瘩破皮而出，我终于明白了之前见过的男生为什么那么怕女生撒娇。我向人类的思想又前进了一大步！

我极力克制住胃酸喷射的感觉，尽量压低声调说道：“你生病，不能乱逛。”

“小尘啊，我知道你们灰尘家族无所不能，带我出去玩一下又不会怎样。”

我很想问，她是无视了我说的话吗？还是我说的话她听不懂了？那个“小尘”的称呼又是怎么回事，人类真的很流行给别人起绰号吗？什么叫无所不能，这么着把我捧上天，让我情何以堪，让我怎么拒绝啊?!

再次极力克制，我故作深沉地说：“你是说在这个时空转转还是要到别的空间？”

“什么！你们灰尘可以带人穿越吗？我要穿，我要穿。”

我后悔了，她原来不知道的吗？我以为人类无所不知才告诉她的，怎么会这样，我貌似做了有生以来做过的最错误的事。她那个充满希冀的空洞的眼神，使我无法拒绝，可是，不拒绝吧，又对她身体不利。至于我在草地上下的那个决定，我现在要义正词严地告诉自己，这种不利于人民、不利于社会、不利于国家的决策，不能存在于世！

但我心一横，开口说道：“好，同意了。”

话音刚落，只觉得一瞬间天昏地暗，比人类遭遇过的唐山大地震还可怕，不知道她怎么瞄准的，只见她一把把我攥在手中，高兴地挥舞着。我当时的感受只有一个，不是兴奋，而是想着，假如我能吃东西，能吃撑，能吐，那我一定会找一口大缸接着，吐个够。

“小尘，你说的，咱们明天就走，你带我穿越！”

那个娇嗲到爆的语气，使我不存在的汗毛屹立于全身各处，不存在的冷汗湿润了整片黄土高坡。

不过，一言既出，驷马难追，我决定明天带她穿越。只是，万一她改变了历史，那会怎样？

## 四　穿越成功

“江溪，回到过去之后，千万不要去改变大篇章的历史，还有，你的眼睛可以去那里治愈，只是，这要靠你自己，我帮不上忙。”

“好啊，其实眼睛不是问题，我只是想进行一次独一无二的旅行。对了，以后叫我‘阿溪’吧，叫我名字你不觉得很生分吗？”

我彻彻底底五体投地地拜伏在她过分乐观的性格下，我感到了生命的脆弱，脆弱到一句话可以将你溶解得只成小分子物质！

我把她带到郊区的一片林子里，开启了灰尘直系亲族的法阵，将带她回到过去。也许，这会让她开心，毕竟，和她在一起的前几天，我也很开心。

一片光芒过后，我们已经位于时空隧道之中，也许，这与人类幻想的穿越过程有太大出入，但是，这种感觉还是很新奇——我也是没有来过这里的。

“小尘，你看！六芒星！这是不是玄幻小说里的结界！”

“啊……是吧。”什么是六芒星！我怎么都没听说过！可是这是我带她来的，就算我是非生物，就算我脸皮再厚，也很难承认自己的东西自己不认识啊。

不知过了多久，我都有些昏沉了，才意识到我们俩躺在一片绿地上，身旁的草长得覆过了我们的身体，因为我们躺着。

我将江溪叫醒，叫她的时候还想着是不是应该叫她“阿溪”。

“哎哟！穿越了吗？好厉害啊！小尘你真厉害，现在世界终于算是一片光明！”

我望向她的眼睛，神采奕奕，不似从前般空洞，她可以看见了，我对灰尘家族的祖先充满了敬佩之情。

我贴近她的眼睛，仔细地看着，我敢说，这绝对是人类历史上少有的美丽的眼睛，我很难用形容词来形容，我之前背过的“汉语大词典”里绝对是没有一个词可以形容的！

“小尘，你发现了吗？这里是不是少了些你所说的白光？”

她不说，我还真没发现，于是，我轻声应道：“是啊，过去的人类，科技没有那么发达，也少了那些什么……”

“那些什么？那叫辐射啊。对了，小尘，你说，假如我改变了现在的情况，使辐射不再那么猛烈，将来的我、我爸妈，是不是就不会患病去世呢？”

“这我不知道，但是，我可以帮你，陪着你去改变那历史，如果不可以，我便陪着你待在这儿，可好？”

“好，先带我去农贸市场。”

“农贸市场？干吗的？”

“买几盆仙人球，防辐射用的。”

“我说江溪啊，就算你再痛恨这个叫辐射的东西，也不至于拿刺去刺它吧！”

“这叫天然防辐射，这东西，我可惹不起了，惹不起就只好防御了。这可是纯天然无污染的防御措施。”

于是，我便和她一起去了农贸市场，买了几盆仙人球，然后，找了一间酒店，她也毫不客气地选择了总统套房。对于这件事，我表示只是因为她闷太久了。

就这样，那奢侈豪华的总统套房内，多了几盆极不协调的仙人球。

“尘，你说，这里最大的电磁工厂在哪儿？我想去看看，能带我去吗？”我不语，她又说：“也许，我能阻止他们，人类没了这些东西，并不是没法生存。或许，这些东西，还有可能毁了他们的生活。”

我注意到，她说这些话时，对于“人类”这个种族，她用的代号，一直是“他们”，她是不想承认自己的种族、自己的血脉吗？对啊，是那些同种族的物种使她失去了那双眼的，现在拥有视力的她，怎会不恨那些人？她十几岁的心智，真的还没有能力承担起那么重的伤痛，就算再怎么掩饰，再怎么用那些愉悦的用词，都是掩盖不住那哀伤的。

这是人类的恶性，虽说这里只有一个江溪，但是，是不是终有一天，会有更多的人厌恶自己的同类？现在的人类，最高等级的物种，是不是真的都已经被金钱利益蒙蔽了眼睛？对于此，我不置可否。

我只说了一个字，但这似乎坚定了她的决心，我说道：“好！”

江溪躺在床上，问我：“尘，你知道我是怎么逃出医院，怎么付的套房的房费吗？”

“嗯？怎么？”

“不告诉你，我也不知道。”

我落在她身边，淡淡地说道：“只要不是抢的银行，杀人放火的事，我都不问了，我答应过你，我会保护你。”

## 五　会客总裁

一夜无眠，灰尘不需要睡眠，但是适当的休息还是要的，透支了太多体力，对任何物种都不是好事。但我就是没有休息，我绕遍了整个城市，搜寻了所有的工厂，以自己的身体沾墨，绘出了一幅地形图，我自己都不敢相信，灰尘会有这种能耐，这地图不经修改打印出来都可以直接出版了，从来没发现，自己有这么高深的绘画功底。

不过，我觉得，和江溪在一起待了几天，自己的性格也变得有点“脱线”了，明明之前的我和第一次见到的她都是很沉稳的感觉，现在，这就姑且算是憋不住了吧。

到了早晨，一缕光线透过窗子射进了房间里，映着桌上的琉璃花瓶，被不平整的面折射出许多条光线散到房屋各处，又被那玻璃墙壁折回来照到江溪的脸上，只能说，这样的感觉，就是评析古诗词时常用的“宛如画面”。

江溪动了动眼皮，缓缓睁开眼，又一下子闭上，扯上被子，以一种幽幽怨怨的语气说道：“再睡一会儿，就五分钟……就十分钟，算了，不睡了！再睡会儿，半小时后叫我。”

我叹出一口不存在的气体，落在仙人球的刺尖上，向窗外张望。人类的科技进步真是快，我这颗活了一万五千年的灰尘，经历了那么多事，竟没感觉出这进步。记得曾经，那铁打的东周列国，最好的都只是不纯粹的钢；秦始皇焚书坑儒时，用得最好的都不过是火把；大唐的鼎盛繁荣，也是没有这些科技；明清的落后，将国力逐步落下；过了民国，到了现在，又这么快地恢复、发展。发展到现在的地步，人类的力量令人惧怕，让他们自己都惧怕了。

“小尘，想什么呢？怎么不动了？”

“你看得到我？就算有了视力也看不到的，别装了。”

“凭感觉的，我说过，现在的我，比正常人多一份敏锐的感觉系统。”

“地图在桌子上，你可以看一看，还有一张图表，是那些工厂的资料。”

江溪拿起那一摞纸张，一句一句地念叨着什么，就在极其安静时，她突然说：“咱们现在走吧，我想去找那些老板，就算是不能让他们终止工厂的运行，但是，能说一下就说一下，还是要努力的，当是宣传一下知识也好。”

说着，她卷起图纸，大步流星地走出房门，以至于忘记拔电卡，于是乎，屋里就只留我一个非生物“凄凄惨惨戚戚”。

由于力气小拔不出电卡，就只好将所有的插座都关闭。

我跟江溪沿路走了很久，到了一家工厂的办公部楼下的大门口，可惜那个长着花白胡子的老爷爷不让进，说要出示什么又是“大不列颠”又是“日本”的什么通行证。过分悲催的江溪只好叫我一起翻墙，可是我想问她，她是不是忘了我是灰尘，可以直接飘进去，根本不用“翻”这个动作。直直地飘进去，然后看见了有个外貌类似淑女的物种正在吃力地爬墙，我闭上眼，这个场面真不是一般的惨烈！三秒钟后，只听“嘭”的一声，只觉得身边激起千层灰尘，一波波的灰尘圈扑面而来。

江溪爬起来拍拍身上的灰尘，露出一排干净整洁的牙齿，笑了。我特别想朝她吼，这样的举动，哪里像是患过白血病的人，这分明是身体倍儿棒，以至于有自残想法的人嘛！

“小尘，你有没有觉得这里有红外线？”

“啊喂！你当这是科幻片吗？红外线什么的这是乱入啊！”

“我只说说玩的，乱想一下不可以吗？你就忍心看着我郁郁寡欢不得善终吗？你最疼我了对不对？”

“对……”我无力扶额，“可是你这么大声地对着空气说话会被人当作疯子，然后送往医院的。”至于送入医院后她逃出来的剧情，我实在不敢再说。

我话音刚落，江溪早已用百米冲刺的速度到了那座大楼下，冲破守卫阻挠，闯进电梯时还不忘带一句“借过”，这哪里是“借”，这就是光明正大、完事之后还要昭告天下的活生生的“抢”！

我飘飘悠悠地直接进入了总裁的办公室，落在一株君子兰上想着江溪会以怎样的方式进入，只要不是凶神恶煞般冲进来掐住总裁的脖子进行威逼略过利诱，那我出门后还是可以承认我认识这么个人的。

可是，接下来江溪的举动出乎了我的意料，轻轻叩门三下，总裁应允后推门进入，门几乎没有发出一丝声响，入室，微微颔首，闻一句“请坐”后，落座于桃木椅之上，身子板直，向前微倾，嘴角带笑，这样的场景，使我怀疑自己是不是观看的方式不正确。

“肖总裁你好，在下江溪，虽知总裁事务繁多，时间紧迫，但还是想占用总裁一些宝贵时间，不知总裁可否同意？”

我极其怀疑自己的听力，这让我编一个小时都编不出来，这丫头分明是直奔总裁办公室，根本没时间编排，这临场发挥能力未免太强悍了吧！

“江小姐有话请讲。”

这总裁绝对是装的！这么好说话，这么和善，不会吧！

“总裁，我也不拐弯抹角了，有话我就直说了。这工厂，我建议总裁停运几天，或是改进生产技术。这样的机械技术，辐射性太强，对自己和他人都不利，现在虽看不出辐射的破坏力有多强，但这样发展下去，终会自取灭亡。”

我看到肖总裁似乎颤了一下，但又很快平静，端起桌上的茶杯，缓缓道：“江小姐可有证据证明这辐射的破坏力？”

“大的不说，肖总裁脸上的痘痘便有着辐射的参与。”

我天！江溪也太直接了啊，这放大几倍可以算是人身攻击了！我只能在此默默祝愿肖总裁是个脾气特别好的人。

“哦，是吗？江小姐的观察真是仔细啊。只是鄙人还有要事要处理，就不陪小姐聊了。”顿了顿，又说道，“方秘书，送客。”

我听到一串细碎的高跟鞋踩地的声音，望向门口，一个腰细腿长、短发干净利落的漂亮女秘书站在门口，手里抱着一大摞蓝皮的资料。将资料放到桌子上后，轻声细语的说了一句，“请。”

江溪起身，再次微微颔首，那个女秘书帮她开门。

我也顺着门缝出去，还没到楼梯拐角处，只听见那个女秘书用尖而细的嗓音高喊一声“妈呀！”我暗暗笑了，这个老板，找一个女人来送客就是个错误，而送的人是江溪，便是错上加错，大错特错！

我不用过去看就知道，估计那个可怜的秘书，已经被江溪用“追魂钉”钉在墙上了，或是在江溪一番蜜语甜言后冷不防被推下了楼梯。但是，与预想不同，我看到的场面是，江溪拿着一个空笼子，开着盖的空笼子，而女秘书正挣扎于两只小白鼠之间。我的世界观轰然坍塌，这是家公司的办公楼啊！你把动物园里都不该有的东西带来干吗！还有，你这两只老鼠是从哪儿弄来的?!

我越来越佩服人类了，真是主宰了一切啊！不过，如果我没有记错，几天前，还有个女孩躺在医院的病床上，还有个可以用“淡定”来形容的女孩。

等我回过神来，江溪已经不在这儿了，只留下女秘书颤颤嗦嗦地缩在墙角，我幽叹一声，出了办公楼。

## 六　想剪电线

我在一个污水池子旁看到了江溪，她正在一脸严肃地审视着池子里的东西，似乎要把那些东西看出个洞来。我靠近她，落在她肩膀上，我以为她失败了要哭，早就准备好了安慰的话语，可是，她的话让我更加坚信了人类是不会被困难轻易打到的。

“小尘，明天你直接和我去他们工厂吧，我想剪下他们的电线，然后利用一下他们公司的号召力。”我又被震惊到了，但是我不该震惊，因为，我显然忘了江溪是什么人，她有困难要上，没有困难制造困难也要上！

平静了一下，我小心翼翼地问道：“你会……剪电线？

“会一点。”我不得不承认，江溪就是个十项全能的奇葩！

“那我跟你去，不过，你不能惹出大乱子，毕竟，这一家工厂不代表全部，其他工厂也会产生辐射，世界上那么多工厂，还有核能量，总不能全解决吧？”

“我可以改变这家工厂外交部门的线路，把辐射问题昭告天下。”果然，江溪精神被发扬光大了，昭告天下啊……

我们回到酒店，我想，这几天绝对是一万五千年来最充实的几天。跟着江溪到处奔波，真是难得她说要休息一下，我舒展了一下身子骨，落在了套房里软绵绵的枕头上，接着，又是天昏地暗。江溪一巴掌压在了我的身上，我想说句话，可是透过她的指缝，看到她的睡颜，又不忍叫醒她，于是，我轻轻地挪动身体，极其艰难地溜了出来。我落在玻璃花瓶上，看窗外的月色，想着，今天是不是又到一个月的正中了，否则，这月亮怎会这么圆？

江溪在这儿，是不是真的可以保证眼睛不会再瞎，不会再患白血病？我真希望是，那么，我想和她一直留在这儿，可惜了，我知道，我们不可能永远待在这个时间，人类的历史是很难改变的。

只是，我想知道，假如我们回到应该出现的时空，江溪的眼还会瞎，还会患病，她会不会伤心，会不会……离开？永远地离开，天人永隔地离开，不复相见地离开。

深夜，总是会让人和物思绪万千，想到太多不该想的事，直到想到不能再往下想了，不敢再往下想了，才肯罢休。我怕深夜，江溪可以休息，但是我不可以。像是注定了我是家族的异类，注定了我会遇到她，会发生这些事，会想着护着她。同样的，是不是也注定了她会离开我？

我记得，在逃脱家族的那个时候，在一万五千年前，我就说过，找一个可以依靠的人，然后，护着她，就算是护不住了……对，我会护她，灰尘无限的生命，能做很多事，不是吗？我便要倾尽了此生，伴着她，看她只身一人，我对不起自己的心。

我合上眼，感受着身边的一切，直至我感到神智模糊了，昏昏沉沉。隐约间，我听到了江溪的声音，像是从天边传来的，轻轻地，缓缓地，道出那一句话，一句支撑着我不服输的话——“你有思想”。

## 七　剪电线GO! GO! GO!

“小尘！走了，这么晚了还不叫我起床，错过了最佳时间，怎么剪电线？”

我漂浮起来，望着江溪一脸坚定不移、大义凛然的样子，忍不住想笑。这次，她终于记得拔电卡了。

我随着她走出这座高楼，吸了一口气，却差点被这口气噎着，这不是空气污染的原因，是因为江溪的一句话，一句没头脑的话——“那家工厂外交部门接线的地方在哪儿？”

“西边。”我无奈道。

江溪一如既往地一把抓过我，飞快地跑起来。她又忘了，灰尘飘比跑快啊！

由于到那家工厂是纯粹的人力，一路上明明出租车、巴士无数，可是江溪根本就忽略不计了，导致本来只需要十几分钟的路程用了双倍的时间。

至于到了工厂的大门口，江溪的进入方法就更独特了，绝对不止翻墙这么简单，其中严格说掺杂了一部分的偷盗行为——拽下一名员工的出入电磁卡，大摇大摆地进去，我敢说，假如有录像机的话，她的一切会被录下来发到互联网上。

整条长走廊，人格外的少，几乎就是没有人的，那么大的地方，显得格外空旷，冷气开得很大，呼呼地迎面吹来，江溪不住地搓胳膊，身上也起了一层细密的鸡皮疙瘩。

“尘啊，总的机房在哪儿?”

“向前走，第三个弯道右拐，门最大的那间房。”我很怀疑我画的地图她有没有看！

江溪再次狂奔，周围的工人都以惊诧且疑惑的眼神看着她，可惜这家工厂的规定是只要进来了就各干各的，不许插手其他人的事。

进入了机房，顿时热了不少，江溪从背包里拿出诸如扳手、螺丝刀、钳子之类的东西，扔了一地。现在的我觉得，江溪根本就不是人，她就是个神，神奇到能从总统级套房里搜出这些工地上的东西！

在我恍惚中，江溪已经挑出一堆电线，准备剪了，剪电线我是不反对的，我只是疑惑，剪断后她怎么再接回去？是要用胶条粘回去吗?！她当这是中性笔没颜色了换根笔芯吗?

“你说这么多红色的线，该先剪哪一根?”

“剪第二根。”这话一出口，我后悔了，我不是应该阻止她才对吗？意识到不对，心想，她倒是不怕死了！万一触电怎么办！没有绝缘手套就算了，这么随便剪，是不要命了吗?！于是，在千钧一发之际，我大喊一声：“先剪火线，再剪零线！”

江溪的手及时停住了，然后慢慢地剪断了那几条电线，机房停止了运转。

“Perfect！带我去通信部！我要去接电线了！”

我很疑惑，这么着就剪完了吗？这丫头不会这么天才吧！

接下来在通信部干的事，使我更加坚信江溪的脑细胞绝对比爱因斯坦的多这个不确定的事实，她怎么把通信部人员引出来的事我就懒得过问了，把所有监视屏目弄得全是白雪花的事我也不管了，可是她把通信部的电线剪断后又重新连接上这件事我就要管了，这通信部废了，不就意味着整个工厂的对外方面以及内部调节方面都瘫痪了吗？江溪不会疯了吧！

“嘟嘟……您好，这里是电视台，请问您有什么事情呢？”

我只觉一群乌鸦从头顶飞过，这怎么会把先接到电视台呢？这分明就是开玩笑嘛！

“您好，能不能帮我把电话转到省级部门呢？谢谢。”

“请稍等……喂？您好，这里是省电视台，有什么可以帮到您的？”

“能不能帮我把电话转出去？我有些事要昭……有些事要告诉大家。麻烦了。”

“好，您稍等。”

对于江溪差点就脱口而出的“昭告天下”，我表示已无力吐槽，只能盼望着她别再说错什么。这时，我听到江溪开口了，想必是电话已经转出。

“大家好，我叫江溪，我来自未来，你们可能不相信，可能认为我是疯子，但是，我可以告诉你们，未来的我瞎了，患了白血病，我本想活得很好，但是，我发现，我连医院都出不来，就不用说外面的大千世界了，我也曾盼望着有一天可以治愈，可我等不到那一天了，于是，我来到这儿。

“我想说，假如你们很想患白血病或者很想失去视力，那么，你就可以整日里抱着电脑、手机，或者看电视，那些电磁辐射足以给你带来永远治不好的疾病。我很想改变现状，但是只靠我自己的力量，并不能保证将辐射屏蔽，因为现在的科技，大部分是与辐射伴行的，这种东西充斥着生活的每一个角落，让你根本躲不开，也没有机会躲开。

“这世界上的污染方式有很多，为什么我们不能阻止其中的一种？也许我现在说的，你们都不信，也不在意，但是，请相信我，不能阻止，那便保护好自己，别像将来的我一样……听完这段话的人们，谢谢你们。”

说完，江溪拔开了那截电线，接上另一根电线，抬头笑着说：“小尘，我们走吧，已经给这家工厂带来挺大的麻烦了，我要找肖总裁道个歉。”

她起身走了出去，离开的那一瞬间，所有的信号，重新恢复了。

## 八　回到现实

她进了总裁办公室，我便来到了楼下，刺目的阳光，照入我的眼帘，炽热得要将我的眼睛烧毁。她现在干的这些事，是不是意味着她想回去了呢？她就那么相信人们会相信她的话而去控制辐射的散播吗？江溪，她到底是怎么想的？

许久，江溪出来了，她依旧是那个撒泼的形象，依旧是和刚见面时的样子截然不同，依旧是那个没心没肺的样子，只是，这次的她，眼睛中有泪珠。

“尘，我们回去吧。”听到她的这句话，我惊讶得差点叫出声。

“回去，你的眼睛和你的病怎么办？好不了的。”

“你说过，我不能改变历史，不是吗？但我在过去的一个城市里留下几句话还是可以的吧，话我留下了，该走了。”

我还是以一个字回应她，“好。”

我带她到郊外的草地上，开启了那个灰尘家族的法阵。

一片光芒后，我们已置身于那个简陋的时光隧道之中，一样的地方，一样的人，一样的六芒星……

不知过了多久——我这个不需要睡眠的物种都睡着了。我们又到了那家医院，像原来一样，漂白了的墙壁，开着的窗子，放着仙人球的窗台，像被那阵风刚送来时一样，没有改变。

江溪躺在病床上，白色的被子，白色的床单，白色的桌子，一盆仙人球，让我觉得回到过去的那几天都是不存在的。我轻声唤醒江溪。

“江溪，咱们回来了。”

“回来了……”

我望着她的眼睛，又是空洞的，再次看不见了吗？

“小尘，上天似乎特别眷恋我，我觉得身子骨越来越差了，可是，一点都不疼。”

“是啊，上天真的眷恋你啊。”说这句话时，我想哭，我看到了桌子上的几张单子，它们无一不在告诉着人们，江溪活不久了。我只是疑惑，为什么离开的这几天，也有化验单子？难道，我们没有离开过？

“小尘，你知不知道我名字的缘来？”

“嗯？什么？”

“知不知道李太白的《峨眉山月歌》？我的名字就来自后两句。”

我不言，我无言。我知道，江溪说的每一句话，都消耗着她的体力。平行了的时间，两处事件同时进行，一处是“穿越”过后的世界，而另一处，医院中的她，病情在恶化。

她合上了眼，缓缓道：“谢谢你，让我做了一场那么美好的梦。”

我真傻，聪慧如她，怎会不知晓？所谓穿越，只是具象化了的一场梦啊！

我像原来一样飘到窗口，望着那道白光，依然是存在着的，不过，真的淡了许多。辐射这种东西，江溪不是说看不见的吗？

## 九　不见江溪

三天后，江溪死了……

我想哭，眼泪却出不来，我本就应没有眼泪。她没有亲人，便葬在了公墓里，连块墓碑都没有。

那天，我去到她的墓旁，落在那些土上，明明还有很多话没说，很多事没干，她就这么走了，走得不声不响，李太白的友人月夜行船，她也在夜晚走了，当我一早看到她时，她就只给我留下了一张安然的脸，让我用这幅定格了的画面去回忆之前的所有。

我听说，白血病化疗会让人的头发都掉光，但她的没有掉，当时的我感谢上苍，让她能美丽到最后一刻，现在，我却恨上苍，创造了这么美好的事物，为什么又狠心夺走她？神就是看不惯那些美好的事物吗？让她的同类来扼杀她！毁灭了一切的神力，为何不用来保护那些不该毁灭的？

我等了一万五千年的那个人，那个真的可以依靠的人，我没想到会是她，也没想到会离开她……

假如可以，我想将灰尘家族不死的生命让给她，可惜，不能。

她说过，她与我在一起时，是真的快乐，那么，我希望她能听到，那些时候的开心，我也不是装的。

再也看不见了，那个可以很淡定，可以很张扬的女孩……

微风袭过，席卷一切灰土扬尘，坟头上的枯枝败叶发出凄厉的飒飒声响，寒意透彻了我的骨髓，带走了心中仅存的一丝暖意。何为“尘”生？找一个可以依靠的人，快快乐乐地过完一辈子，便是最美好的“尘”生，我不奢求这日子可以长久到沧海转桑田，不奢求她拥有像我一样可以永无止境的生命，我只想永远陪着她，陪她坐在病床上聊天取乐，陪她在草地上滚来滚去发疯，陪她用指尖戳着仙人掌的刺……她离开了，我也要追随不是？我不愿孤单，也不愿她孤单。

我缓缓降落在墓上，与那些土融为一体，想着她的名字，想着那句李太白的名诗，满含了对友人依依惜别之情的诗，现在我用那句诗，表达对她的惜别之情，愿再相遇时，可以共同长乐无极。

缓缓低吟，低吟着那句：

“夜发清溪向三峡，思君不见下渝州……”

我不死的命终止了，随着叫作江溪的女孩远去。我不想忘了今生的东西。

奈何桥边，如果可以，孟婆，别让我喝那碗汤……

# 番外1　错过

我叫江溪，是个孤儿，寄读在一所私立中学，成绩各项优秀，纪律没的说，在老师和同学眼中都是十足的好学生。他们说过，我这个人似乎没有什么困扰，可是，在这安稳的外表下藏着的那颗心，无时无刻不想着一件事——困扰我很久的事，似乎从来没发生过，却又清晰地记着的那么一件事。

那些记忆中零散的片段，每天都在我脑海中播放着，像是电视连续剧，至少从我记事起就一直有着。

我没有人可以倾诉，我也不敢对花花草草说，我怕像那句“国王长了驴耳朵”一样，被人砍了竹子，做成笛子，弄得人尽皆知。

在树下睡觉，我总是会哭，因为白天的梦，总是比夜晚的更加催人泪下，里边的“主角”和我很像。只是，与她说话的那个人，一直没有出现，以至于梦中的她和现实的我都很疑惑：说话的人长什么样子？每次醒来后，我都会惋惜地叹一句：“唉，又没看到。”

有一天，我做梦时，难得清晰地听到，那个没有现身的人物叫作“尘”，我莫名其妙地有种想法，我想进入梦中见见她，可是，这不可能。

在快毕业的前几天，那梦没了，像是电视剧演完了大结局，没有再拍后传，没有了续集。我依然是好学生，毕业时，以全市最高分进了一家好高中。

百无聊赖地耗完了一个暑假……

入校那天，我背着空无一物的书包，走进了校门，学校里人山人海，堵得令人窒息，我勉强挤到布告栏下，看着大红色的纸张衬出的黑色字。我有些眩晕，脚跟不稳，向后倾了一下，本以为要摔倒后压到别人，可是没有，一只戴着镂空香料球手链的手握住了我的胳膊，将我拉了回来。我朝那个方向看过去，一个女生笑靥如花。

我站稳后，刚想对她说声“谢谢”，但她已混入人群中，找不到了。

有一天，我听说那个扶过我的女孩，叫“尘”，她没有父母，于是也就没有姓，只有一个单字。

她与梦中那个不曾出现的人同名。

我想去找她说那句“谢谢”，可是，整个学期一直没有机会，直到我听说她转学了……

她离开的那天晚上，时隔一年，我又做了那个梦，一个完整的梦，剧情很明晰。我也知道了，梦中的那个“尘”，就是一粒灰尘，那个叫江溪的女孩，到死都没来得及告诉灰尘那句“谢谢”……

醒来后，我意识到自己与梦中的江溪太像了，就连人物的名字都一样，虽说所为的事不同，但是，自己不也是没有对叫“尘”的女孩说出那句话吗？又有什么资格去评论梦中的人？

如梦中的她们，缘未尽，已分离，但曾经相遇，还有什么能奢求……

## 番外2　等

我姓肖，曾是一家公司的总裁，现在的我，已经不知几百岁了。我不知道为什么自己会活这么久，也许，我在为了什么事等待着吧。记得年轻的时候，遇到过一个小女孩，她说她来自未来……

那时，我有一家很大的工厂，每日里就只是在偌大的办公室里无聊地看电影，没有什么可干的。有一天，那个女孩来到了我的办公室，年龄不大，但是谈吐举止都很得体，而且，她道出了我内心所想——辐射这东西，真是太危险了！唯一不合人愿的事，就是她评论我的痘痘。

作为公司的总裁，我总不能从桌子上跳起来抱住她大喊“万岁”吧，于是，我故作严肃，让秘书小方送了客。

我本以为就这么错过了一次机会，但谁知道，第二天就有人说公司被剪断了电线，运行陷入瘫痪状态。听说这事时，我很想笑，那个女孩不简单，电线这种危险物品都可以剪，同时，我也庆幸还有一次机会。

我鬼使神差般地打开电视，我有种预感，这女孩会出现在荧屏上。

果不其然，她出现了，虽说我知道联络部门的系统已经被搞得错乱了，但我不生气，我没有勇气去对大家说的那些话，她说了。我佩服她。

晚上，我联络了公司所有部门，我有了一种天真的、不该有的想法，我想亲手废掉我一手打造的公司。

我从财务部调出了所有的账目，一夜之间，便将所有的账都算清了，我不能再多等一天了。这事，真的等不得。

我明白，关闭公司就等于耗尽了我多年的心血和精力，也让许多员工失去了工作，但我想任性一次，代价多大我都不管了。想来，当时的我，很傻呢。

于是，第二天各大报纸的头版头条，便都是公告本市最大的公司一夜之间倒闭了。

我脱去了西装，换上一套运动服，舒适了许多，轻松了许多。

我找到那个叫江溪的女孩住过的酒店，询问柜台人员，他们说，她走了，很早就走了。我想，她是不是真的来自未来，走得这么急，急着回到属于她的时空？

现在的我，生活悠闲自在，虽然依旧有辐射这种东西，也依旧猛烈着，但是，我也曾为减弱辐射做出一丝贡献，我很自豪。

江溪向我道歉那天，她给我跪下了，我很诧异，连忙扶她起来，我说：“只是一点小错误，跪我，不值。”

她说：“你也算是为环境做出了一些贡献，虽说很小，但也是恩人，跪你，不算不值。”

她说的话，我活了这么久都没忘。

我要活到她的那个年代，看看她，是不是眼睛好了，是不是没有了白血病的困扰？我想看到她像欺负方秘书时那样肆意张扬。

我看着一树木槿花飘落下来，落到竹藤椅上，落到身旁竹凳上，落满了我一身，覆盖了放在膝上的书，我依然等着，等到这一树木槿花落完了，能看到她吗？

可是，我等到那个年代了吗？

这么久了，还没有见到呢……

# 后　记

林文青

我不知道我是哪来的精力，在张冠秀老师的游说下，竟然在一天内（除了正常的吃饭睡觉）憋完了这一万多字。虽说不是呕心沥血、浑身抽筋，但也是眼皮直抽。呃……其原因默认为长时间面对电脑所致。

首先，这篇文自我感觉还是不错的，只是某些需要技术含量的地方以及整体剧情构造还是接近幼儿园水平，有待提高；其次呢，我觉得这个文风还是有些奇怪，废话也很多，有凑字的嫌疑，侧面证实了我词汇不够用。

这篇文我并没有考虑太多类似于故事情节构造啊，科普方面的知识啊之类的，我只是随着感觉把自己内心的想法写了出来，所以呢，这篇文我是用第一人称写的，情感方面的内心独白会比较多。同样的，为了读者能看明白，我在番外中也尽量解释了一下不清晰的剧情。

缅怀过去，缅怀故人，缅怀逝去的风光无限。

# 蚂蚁冒冒的哭泣

作者：刘　珺

插画：王志凯

## 作者简介

刘珺是我的名字，我还有另外一个名字叫“牛顿”，不为别的，只因我有一颗爱幻想的脑袋。我爱《苦儿流浪记》《柳林风声》，曾在“新华书店”杯作文大赛中获得二等奖，13岁的脑瓜中有无尽的想法，我把这些想法在新作《蚂蚁冒冒的哭泣》中尽情地表达出来——世界上每一条生命都有存在的价值，我们无权夺走；任何一条即使渺小不能再渺小的生命，它看似简单，实则并不简单。每一样事物都值得我们去探索。然而，在探索万物的同时，首先要保护好它，否则，它将会带来毁灭性的的灾难。

## 画者简介

我叫王志凯，爱好漫画、街舞。我是一个喜欢绿色的人，经常躺在绿草如茵的嫩土上，尽情呼吸着清新的空气，每当我望着蓝天时，便总想为保住这一方碧空尽一份力。

作品：《蚂蚁冒冒的哭泣》《囚鱼》等。

## 一 惨烈的毁灭

天边的乌云如烧开的沸水排山倒海地翻滚而来，刺眼的闪电似狰狞的妖魔凶狠地将天幕撕破，轰轰的雷声更像是要把大地炸开一个口子……这便是蚂蚁冒冒司空见惯了的场景。而此时，冒冒的视线则顺着一滴滴掉落的雨点在不断地放大……

“啪!”雨滴打落在石块上，石头光滑的身上立即呈现出斑斑花痕。

“啪！啪!”雨滴跌落在茂密的灌木丛上，青葱的苗木立即变得脸色蜡黄，身体蜷缩着，蜷缩着，叶子一片一片地掉落下来，只剩下光秃秃的枝丫。

“啪！啪！啪!”雨滴掉落在同伴们的身上。

“不要!”冒冒不顾眼前的危险奔过去，拼命地呼喊着同伴们的名字，可是谁也没有站起来。

“为什么？为什么?”冒冒的大脑袋里极度混乱。他缓缓地抬起头，大家都惊慌失措地跑着，可无论逃到哪里，都躲不过那些恶魔的攻击。

“不要！不要!”冒冒奋不顾身地再次冲到同伴们身边，拼命地喊着它们的名字，但同伴们像睡着了一般，依然纹丝不动。

“喂！你们快起来，快起来呀！不要把我一个丢在这儿。”冒冒不停地喊着，声音已变得沙哑，可同伴们像是没听到一般，仍旧躺在那儿无动于衷。

良久，冒冒的声音停止了。

冒冒缓缓地抬起铅般沉重的脑袋，只见——

大树妈妈葱茏茂密的头发在雨水滴落的瞬间枯萎脱落了，挺拔的躯干上冒出无数的洞眼，从中流出一股股脓液。冒冒知道，这是她极度悲伤而流出的眼泪。再看看她的“胳膊”、“腿”、粗壮的树根，此时都不堪一击，经不住雨水的侵袭，腐蚀成一堆堆烂木头，七零八散地散落在水里，哆哆嗦嗦地浮在水面上。

再细眼看看，只见树枝上，树洞里，树根间，到处是尸横遍野的惨象：小时候的玩伴，启蒙老师老工蚁叶风先生，都死在冒冒身旁，连生育它的蚁后也在紧急转移时惨遭毒手，蚁后身边那群誓死保卫家园的工蚁“卫士”们也都以身殉职。

冒冒的眼睛里噙满泪花，他绝望地看着这个曾经鸟语花香，现在却充斥着腐霉气息的家园，心里仿若吞了黄连般苦涩。他痛下决心：我的亲人，我一定查明真相，为你们报仇雪恨。

“啪!”一滴水溅到冒冒身上，把他的思维带回现实。

“好险啊!”冒冒暗自庆幸。他抬头仰望着灰蒙阴暗的天空，在他看来，此时的世界就像一个阴森的地狱，一个面目狰狞的老巫婆奸笑着把从恶魔那儿盗来的毒药水撒向人间，惨无人道地将这些美丽的生命摧残扼杀。冒冒面无表情，呆然而立，嘴角扬起一丝让人不寒而栗的冷笑，“哼！你等着，我会让你在这个世界上永远消失的!”

## 二　曾经的美好

夜已深沉，蚂蚁冒冒拖着疲惫的步伐，环顾四周，终于找到一个可以暂时栖息的地方——小溪边的一块石头。

雨停已久，溪水暴涨的时间已经过去，在这里不用担心会被淹没。石头已被山上净化的溪水冲洗干净，所以也不用害怕上面沾有能置他于死地的毒水。

考虑周全，冒冒登山般吃力地爬到石头上面，随即一头栽倒，茫然入睡。

“啊！终于能休息一下了。”冒冒想着，想着……

冒冒感觉自己坠落在无尽的深渊里，他爬来爬去，急得满头大汗，无论怎样都找不到出口。就在他将要绝望的时候，前方突然出现了一丝光亮。冒冒像抓住了救命稻草般紧紧地顺着这缕亮光匍匐前进。渐渐地，他看到了光亮的尽头，那仿佛是一片绿色的世界，不觉加快了脚步。

终于，冒冒走出了黑暗，明亮的光线耀得他睁不开眼，只能竖耳聆听：各种熟悉的鸟儿在树叶间欢叫着，时而长鸣，时而婉转，还不时发出“扑哧、扑哧”的嬉戏声。听着听着，以前曾经和小伙伴们玩跳极的往事不禁浮现在它的眼前——

“美美，郭郭，你们俩快点儿！”小冒冒第一个爬上了大树妈妈最高的那片叶子。

“冒冒，是你太快了！”郭郭上气不接下气地爬了上来。

“就是，难道不会等等我们吗？人家都快没力气了。”比郭郭早先上来的美美也在一旁抱怨道。

冒冒回道：“快一点有什么不好？要是像你们一样慢吞吞的，我看啊，等到我们爬上来，天早就黑了。到那时，我们也就甭想看什么日落，体验什么飞翔的感觉了……别愣着了，你们快过来呀！”

郭郭和美美连忙跟上去，来到树叶的边缘，与冒冒并排坐在一起，悠悠地荡着小腿。

“啊，真是惠风和畅，傍晚的风好舒服呀！柔柔的，让我想起我们去人类一族探险时看到的棉花。”美美说着，脸上露出一番享受的表情。

“不！我倒是觉得风更像是丝绸，滑滑的，凉丝丝的。你们说，坐在云彩里是不是就是这样的感觉呢？”郭郭憧憬地说着。

“喂！你们两个别幻想了，快看！”

郭郭和美美朝冒冒指引的方向望去。

“哇！”小蚂蚁们异口同声地惊呼起来。

天上的大火球比平时看到的要大好多倍，红彤彤的边给天空渲染了一层绚丽的红晕。此时太阳不再那么耀眼，更像一位慈祥的老人温和地笑着，笑得小蚂蚁们羞红了脸，连冷漠空洞的影子也充溢着满满的幸福，由黑色变成了跳动着的紫红色。

宁静的时刻总是那么短暂。

“好了，天色不早了，我们开始今天最刺激的游戏吧！”冒冒第一个站起来。

“是！”美美和郭郭充满自信的脸上透着一股掩盖不住的兴奋。

冒冒浑身的血液已经沸腾起来了，充盈着他全身的各个部位。

“喂！你们谁先跳?”

“难道不是你先跳吗？你可是期待了好长时间的。”美美不解地问。

“是啊，冒冒，还是你先跳吧！”郭郭附和道。

“真是两个大傻瓜，我当然是在后面保护你们呀！谁让你们这么弱呢?”

“哦……哦！”郭郭和美美听懂了似的点了点头。

“说你们傻你们还真傻，听了我这么慷慨的誓言，没被感动就是了，还发出这么白痴的声音。女士优先，美美，你先跳吧！”

“那我就不客气了。”只见美美迈着轻盈的步伐，三步并作两步跑到树叶尖，两足轻轻一点，便像一只粉色的蝴蝶在空中翩翩起舞，伴着银铃般的笑声，缓缓地落了下去。

“该我了。”郭郭在不断震动的叶面上一步一步稳稳地跑到叶尖，一蹲，一起，一跳……

冒冒感到叶片前所未有地强烈震动起来，在恍惚中看到郭郭的身影像一块石子垂直地坠了下去。冒冒紧紧抓着叶片好一会儿才没有掉下去。

“郭郭这位重量级选手可真是让人汗颜啊！”冒冒这样想着，也起身飞快地跑到叶尖，轻轻一跳，便像银针一样，在阳光下一闪，瞬间消失了。

“哇——哇——好爽啊！”冒冒在空中大声呼喊着，尽情享受着风的吹拂。风姑娘的手轻轻托着冒冒，冒冒感觉像是坐在摇篮里，身体在气流的阻挡下缓缓地降落下去，在风中不时地摇晃。天空这时也格外美丽。冒冒看到自己正和夕阳同步落下，柔和的光向冒冒伸出双手，仿佛在邀请冒冒来一曲空中的舞蹈。冒冒也弯腰行礼，在阳光下欢快地跳起了舞。

层层油亮的树叶是它的舞台，冒冒在这一片树叶上轻轻一点，柔韧的叶柄也就轻轻一弹，随即将冒冒带到下一片树叶。鸟儿也伴着和风轻轻哼唱着森林中特有的圆舞曲……

冒冒微笑着睁开眼，只见不远处美美和郭郭向他招手，一起喊着：“冒冒，快来啊！你怎么也变得这样慢吞吞的啦?”

“嗯，我这就来！”冒冒向他们挥挥手。

但郭郭和美美像是没有听到冒冒的回答似的，转身走掉了。“不要！不要走啊！你们等等我。”冒冒边追边喊，可是怎么追也追不上。突然，冒冒掉进了一个深渊里，黑幽幽地，伸手不见五指，冒冒的声音也被无尽的黑暗淹没了。

冒冒猛然惊醒，耀眼的阳光刺得他又一下子闭上了眼睛。好一会儿，他才适应过来。“我在哪儿？现在是什么时候了？”他环顾周围，万籁俱寂，又望望天空，烈日炎炎。此时，他感到浑身剧烈地疼痛，特别是心口。他爬到岩石的阴凉面，俯下身子喝了口泉水，冰凉刺骨的泉水让他一下子精神抖擞，顿时清醒过来，“我的家呢？”

带着点点的隐忍，丝丝的希冀，冒冒踮起脚尖，抬头向家的方向望去。

远远地，冒冒就看到村头那棵守卫了村子几百年的大树妈妈，那蘑菇头样的树冠在整个热带雨林里是独一无二的，这是叶风老师告诉他的。可是，如今那丛曾经茂盛繁密、栖息了无数鸟儿的浓绿色“头发”，仿若经历了冰霜雨雪的摧残，已经暗淡枯黄。

“喂，郭郭、美美，你们快出来吧！是我回来啦！”冒冒喊着，一声比一声高，一声比一声响，但整个家园中只有冒冒自己的声音在回荡，周围一片死寂，安静得令人窒息。

“喂！喂！大家倒是快出来呀……”冒冒的声音逐渐小了下去。他想哭，可泪水怎么也挤不出来，是心之井已经流干了吗？

阳光依然那么耀眼，但已照不进冒冒的心田，他那两扇心灵的窗户此时变得暗淡无光，好像已经用厚厚的水泥墙堵得严严实实，半点阳光也透不进来。

风儿依然在吹，但透着一股酸臭的味道；阳光依然普照大地，但感受不到丝毫温暖；植物们依然站立，但早已伤痕累累……

同伴们残缺的尸体静静地躺着，像重新回归大自然的怀抱，他们自然而生，却没有自然而死。

蚂蚁冒冒跪在地上，呼喊道：“自然之母，感谢您对我们这些卑微生命的怜悯，您让我们获得了生命。而今，蚁族们又重新回到您的身边，为您效劳。请您好好对待我的同伴们，待我死后也会回到您的身边，我将抛弃所有转生的机会，永远服侍在您的身旁。”

一阵清风吹来，树上的新叶沙沙作响。冒冒磕了一个响头，感谢大自然答应了他的请求。

冒冒站起，又再一次下跪，大声呼喊道：“大家听到我的话了吗？我一定会为你们报仇的，你们安息吧！待我报完仇，我再来找你们，我们还会再一次幸福地生活在一起……”

## 三　孤独的探寻

蚂蚁冒冒毅然决定冒险到人类的领地，去探寻同伴们死亡的究竟。在他看来，人类是世间最最神奇的，也只有人类才能解答种种怪异的事情。

他曾来这儿探寻好多次，还学会了人类的语言和文字。当然，每一次都是和小伙伴们一起来的，唯独这次……

刚到达目的地，冒冒就被眼前的景观惊呆了：这里的房子也像大树妈妈的树干那样冒出无数个洞眼，有的甚至裂开了一道道大口子。这些房屋曾经是那么结实，他和小伙伴们奋力挖了好多天都没成功将他洞穿。看来人类也遭到那些怪物的袭击了。冒冒心里这么想着，随即穿过一座奇特的蓝白相间的墙缝，进入房子内部。

房子里空无一人，只见一张桌子和几把椅子，桌子上放着一个黑色的旅行包、一台笔记本电脑、几张写着密密麻麻字的草纸和画着奇形怪状图画的草图。冒冒被这些文字和图画吸引过去，趴在纸上一字一句地阅读起来。

他读着读着，心中豁然开朗，原来那些毁灭万物的毒水叫“酸雨”。因为酸雨的酸性很强，它能将道路、楼房、树木等一切腐蚀，才造成了今天这样的局面。

“可是这些酸雨是怎么来的呢？哦！原来是人类为了追求自己一时之利，不断地建立污染工厂，燃烧煤炭、石油等碳物质，排放出大量的酸性气体和硫化物而造成的。”

“是人类造成了这场巨大的灾难，从资料上看好像还不止这一场，哼！人类这群徒有虚表的家伙，你们一定会遭报应的。”冒冒若有所思，愤恨地骂道。这时，门突然被推开，他赶紧躲在稿纸的夹缝里，从里面窥视着一切。

推开门的是一位黑头发、黄皮肤的中国人。冒冒最先看到的是他那双明亮的眼睛和眼睛上方紧锁的眉头。冒冒对他的第一印象便是一把有钥匙的锁，因为他的眉头皱得实在是太深了，眉宇间夹着一道狭窄的沟壑，让冒冒以为即使是自己被夹在里面，也一定会被那道沟壑挤扁。这道沟壑又是那样的深不见底，里面透着一股沉闷、幽黑的气息，仿佛从来都没有舒展开过，从来没有接受过阳光的洗礼。虽然这人脸上没有任何表情，但那双炯炯有神的眼睛中却总是含着一股笑意，其中饱含着对自然万物的宽恕与关爱。虽然他的相貌除了这两个突出的特点外无任何出众的地方，但仅这两点就令冒冒怎么也讨厌不起来，甚至还对他产生了点好感。

中国人后边紧跟着是两位金发碧眼的外国人，一男一女，除身高、头发长短与性别不一样外，相貌几乎完全相同。冒冒想，难道这就是人类所说的龙凤胎吗?我们蚂蚁家族中从来没有过这样的现象，人类可真奇怪。

“奥兹、莉兹，准备一下，实验马上开始。”冒冒扭头看见那名中国人，他已经麻利地收拾好桌上的东西，在桌面上腾出了一块空地方。“是，叶风先生。”“叶风，难道他也叫叶风？叶风老师，世界上怎么会有这等巧合之事？”冒冒的心颤抖了一下，但很快又恢复了平静，他被这三个人的行为吸引了。回答完毕，奥兹将手中麻布袋里的东西小心翼翼地一一取出，轻轻放到桌面上，莉兹紧接着将工具摆好，开始鼓捣起来——

莉兹取一小块纸片轻轻放在玻璃片上，用洁净的玻璃棒取出收集器里的水滴并置于纸片的中部，然后等待试纸呈现变化稳定的颜色后，再与标准比色卡对比，判断溶液的性质。

五分钟后实验结束。叶风看着结果，眉头锁得更深了。在沉思了一段时间后，道：“东南亚雨水pH值越来越低了，酸性沉降的频率也越来越高，几天前酸雨的降落不仅进一步腐蚀了这里的建筑，而且还损坏了这附近的一片热带雨林。它的蔓延速度太快了，才几年就已经席卷北美和西欧，在不久的将来，东南亚可能会成为全球第三大酸雨地区。奥兹、莉兹，将这些资料传给东南亚各国政府和广大人民，趁现在还没有给这里带来毁灭性的灾难，赶快呼吁人们防治酸雨，记住，这是我们科技工作者的使命。”

看着看着，冒冒脸上的微笑和好奇瞬间荡然无存，取而代之的则是一双凌厉的眼睛和一张冷酷的面孔。

## 四 好奇的旅伴

蚂蚁冒冒还没有从刚才的惊险中回过神来。叶风突然转身拿起冒冒藏身的那沓纸，一页一页地翻看着。每一秒都像一年那么漫长，冒冒可以清晰地听见自己的心脏“咚咚咚”不停地跳了几百、几千次，却又感觉这几秒那么短暂，转瞬即逝，令他来不及躲避，就被轻而易举地发现了。

在叶风翻开自己藏身那页的一瞬间，冒冒只听见自己在心里喊着：“完了！完了！完了！……”

翻开纸张，看到夹在缝隙中的冒冒，叶风紧锁着的眉头好像被无形的钥匙打开了一样，奇迹般舒展开来，一道柔和的光从眉宇间散开，一直延伸到整个面部。冒冒彻头彻尾地被这道光包围住，感觉身心都快融化了。“难道这是魔术吗?”可他转念又想，虽然很温暖，但是光的背后会不会是……想到这里，冒冒瞬间变了脸色，他抬头看看眼前这个高大的生物，一向机灵的他竟不知如何是好，脚跟变得像灌了铅似的无比沉重，呆立在那里一动不动。

一眨眼的工夫，冒冒发现自己就站在了叶风的食指肚上，还有一股热流从脚底传来，他感受到一种从未有过的厚实感，仿佛这里是世界上最安全的地方，甚至有些不想走开了。“为什么呢？明明他是我的‘仇人’，我为什么会对他产生好感呢?”冒冒的脑袋里冒出无数个问号，还没来得及思考，他的思维就被脚下传来的震动打断了。“发生什么事了?”他环顾四周，只见叶风的手指停在一个透明箱子的边缘，冒冒看见终于有一个落脚的地了，也没多想，本能地顺着箱子的边爬进了箱子里，但等到箱子的出口被叶风盖上的时候，他突然反应过来似的，狠狠地敲了一下自己的头，“真是个大笨蛋！刚刚那么好的逃跑机会也不知道快溜，还留恋什么指尖上的感觉，我真是疯了！现在倒好，被不明所以的人关在不明所以的地方，难道要待在这儿等死吗？不行，我一定不能死，我要想办法出去。”

沉寂了一会儿，冒冒眼里闪出一道光，“先看看情况再说。”

采集箱外面，叶风的脸上又恢复了原来的神情，仿佛刚刚的“魔术”从未发生过似的。他手里拿着那沓纸，分成两份，分别递给奥兹和莉兹，说：“奥兹、莉兹，这些是酸雨防治措施。奥兹，你将我们整理出来的这些重要文件交给这里的政府，特别要注意治理措施方面，优先使用低硫燃料、开发新能源……莉兹，你将这些宣传资料拿到宣传部去，将它们推广到民间，加强民众保护环境的意识，尤其是对酸雨的危害和防治方面，尽量详细地说明，酸雨危害众多，对人体健康、生态系统和建筑设施等都有直接和潜在的危害。如酸雨可使儿童免疫功能下降，慢性咽炎、支气管哮喘发病率增加。在酸雨多发时节，要尽量避免淋雨，淋雨之后要尽快清洁皮肤表面、尽量减少在大雾环境中的活动，外出佩戴口罩，减少有害物质的吸入……这些都是在日常生活中需要注意的。”

“其他的我也不多说了，开始吧！”

“是！”奥兹、莉兹回答完毕，转身快速走出房间，现在只剩下叶风和冒冒了。

刚刚叶风他们的对话冒冒全都听见了，对他们的一举一动都看在眼里，记在心里。“对不起！看来是我错怪你们了，人类中也是有好人的。”冒冒真诚地认为。

这时叶风已从腰间把采集箱取下来放在桌子上，打开盖子让冒冒爬出来。

但冒冒并没有走掉，而是面朝叶风，坐在了采集箱的边缘，因为他知道叶风不会伤害他，所以他大胆起来，好奇地打量着眼前这个“神奇的生物”。

看着冒冒不走，而是一动不动地看向他，仿佛要洞悉他的一切，叶风突然来了兴致，想逗一逗眼前这个神奇的小东西。

“喂！你对这些东西感兴趣吗？”叶风拉开桌前的一把椅子，微笑着面对冒冒坐了下去。

冒冒点点头（可惜叶风看不清冒冒的动作）。

“如果感兴趣的话，来做我的旅伴怎么样？”叶风半开玩笑地说着，伸出了一个指头。

“有个人类朋友也不错，说不定会对我的复仇计划有帮助。”冒冒这样想着爬了上去。

叶风没想到冒冒真爬了上去。“难道他能听懂我的话？”叶风突然闪现出这样一个念头，但很快就被否定了。虽然叶风相信世间万物都有独立的思想，他们用不同的语言、不同的方式生存着，但他还没有达到相信蚂蚁能与人类交谈的境界。

“哈！你还真是个有灵性的小东西呀！来吧，我们要上路了。”

冒冒爬进了采集箱，不，现在开始应该说是冒冒的家了。叶风盖好盖子，挂在腰间，对冒冒说：“上路喽!”

## 五　遗失的秘境

一艘轮船孤零零地漂泊在北印度洋上，舱外狂风大作，雷电交加，暴雨肆无忌惮地下着，汹涌的恶浪狠狠地击打着船身……

但不管船外的一切怎样鬼哭狼嚎地闹着，蚂蚁冒冒都一概不理，此时的他正在静静地听叶风诉说着他的故事。

舱里安静得很，仿佛是不同于外面的另一个平和的世界，而在这个世界里，只有叶风一个人的声音。

叶风躺在船舱里的床铺上，对着坐在自己手心里的冒冒打开了话匣子。

“我出生在中国云南的一个小山村，那里有成片的绿葱葱的热带雨林，我就是在那儿度过童年的。”叶风的脸上露出儿童般天真、纯洁的笑容。

“那时候的我充满童趣与幻想。我整天与小伙伴们在山上嬉戏、打闹：时而喝一口清凉的山泉水；时而折下一片芭蕉叶遮雨；时而冒险去香蕉林‘偷’乡亲们种植的还未成熟的香蕉，吃着生涩了却还硬吞下去骗伙伴们说不吃可惜了；时而在泥里打滚，回家后被妈妈骂像小猪一样喜欢啃泥巴……”叶风有好多好多说不完的话，冒冒只是静静地听着，脸上也挂着像叶风一样的微笑。

“美好的时光在我十岁时结束了。我随爸妈离开家乡，转到外地城市上学，那是我第一次觉得外面的世界好大、好精彩。妈妈给我买了一盒彩色蜡笔，我即兴画了好多彩色的画，画童趣、画家乡的人、画家乡的山、画家乡的水……然后送给新的小伙伴们。不过我最爱的还是上学，虽然那里的孩子们起初对我这个陌生人并不友好，但我完全不在意，因为我已经完全陶醉在书海中。语文中的语言和文字，数学中的公式和符号，英语中由相同字母拼出来的不同的单词，都是我乐此不疲涉猎的对象。但未来究竟要干什么，我的内心一片迷茫，直到升入中学学习《自然与科学》课程后，我就毅然决定当一名环保志愿者，走遍大江南北，保护地球环境，因为这些总能让我想起家乡的那片热带丛林和生活在那里的父老乡亲，我想守护住印在我脑海里的那一张张憨厚的笑脸。”

听到这，冒冒有些伤感地看向窗外，喃喃道：“我也是啊！”

不知是被冒冒的伤感情绪所感染，还是童年的记忆触动了他那根脆弱的心弦，叶风顿了顿，接着又说：“从那以后我就开始向我的梦想努力。小时候的我总爱把自己解释不出来的事情编成一个个故事讲给自己听，譬如说雨是大地妈妈因受到伤害而流的眼泪，说多了也就自以为真了。后来学习了科学知识才知道并不是那么一回事。下面请听我详细给你讲。

“地球上的水受到太阳光的照射后蒸发，变成水蒸气，以气体的形式存在于空气中，并不断上升，水蒸气在高空遇到冷空气便凝聚成小水滴。这些小水滴都很小，直径只有0.0001~0.0002毫米，最大的也只有0.002毫米。它们又小又轻，被空气中的上升气流托在空中，在空中聚成了云。云中的小水滴要依靠不断吸收云体四周的水气来使自己凝结和凝华。如果云体内的水汽能源源不断得到供应和补充，使云滴表面经常处于过饱和状态，那么，这种凝结过程将会继续下去，使云滴不断增大；当云滴增大到一定程度时，由于大云滴的体积和重量不断增加，它们在下降过程中不仅能赶上那些速度较慢的小云滴，而且还会“吞并”更多的小云滴，从而使自己不断壮大。当云滴越长越大，最后大到空气再也托不住它时，便会从云中直落到地面，成为我们常见的雨水……这是我中学时代学习的知识，你听懂了吗？小东西。”从叶风认识冒冒以来就一直叫它小东西，而冒冒也乐意让他这么叫。

“不愧是专家啊！”冒冒在心里暗叹，顿时对叶风的敬意油然而生，他瞬间看到了自己复仇的希望。

“但是，这几年干净的雨水却越来越少见了。由于现代工业对环境的严重污染，大气中的硫酸、硝酸等含量日益增多，有些地区的酸性沉降也已经到了人类不可控制的局面，许多地区的人民已遭到酸雨的严重危害，连我家乡的那片热带丛林也……”叶风仿佛被什么咽住了似的，喉咙发不出声音来。

此时的冒冒也哽咽住了，多少是因为叶风的话，但更多的是因为他可能不能再给同伴们报仇了。刚刚叶风的那句“酸性沉降到了人类不可控制的局面”让冒冒明白了，真正的仇人并不是人类，而是改了品性的大自然，而大自然是万物之母，冒冒又怎么能与之相对抗呢？叶风的下一句话也让冒冒做出了一个为之付与一生的决定。叶风抬起头灿烂一笑道：“不过没关系，还有我呢！我一定会尽最大的努力让地球变干净的，我不怕牺牲，哪怕用尽我生命的全部，我也心甘情愿。”冒冒也粲然道：“哼，我亲爱的旅伴，让我们一起去改变自然之母，让她恢复原来的美丽、善良、纯洁吧！”

## 六　萧瑟的塔斯

几天后，航船到达埃及尼罗河沿岸港口。叶风一行人在东南亚的宣传工作已顺利完成，此次旅行的目的是去探寻撒哈拉沙漠的水资源，缓解北非人民严重的缺水问题。

叶风等人来不及欣赏尼罗河沿岸的独特风光，就急急忙忙下船，按原计划租了几匹骆驼，开始他们艰难的沙漠旅行。

虽然这是叶风第一次进入沙漠，但是之前充足的准备让他对这次旅行满怀信心，蚂蚁冒冒更是对之满怀期待。

整个沙漠只有零散的驼铃声在叮当叮当地响着，飞向不知连接到哪儿的天空。烈日当空，沙漠中一些耐热耐旱的青草和小灌木，这时好像抵挡不住太阳的烘烤，逐渐偃旗息鼓起来。唯有一株株仙人掌，好像不知疲倦的战士似的，挺拔地站立在荒漠之中，巡视着一切。

叶风对坐在自己肩上的冒冒说：“看到这些仙人掌了吗？它们有分布广泛的根系，可在短期内迅速地吸收水分。除原始类型的种类外，仙人掌类的茎都具有棱和疣状突起，这对于适应干旱环境有很大的意义。很多仙人掌类植物的原产地都有这样的特点：每年中有很长时间滴雨不下，但雨季时在短时间内会下很大的雨，而生长在这种环境下的仙人掌类植物在旱季时由于水分不断散失而体积缩小，一旦下雨则最大限度地吸水使株体迅速膨胀。如果没有这种棱像手风琴褶箱那样伸缩，那么表皮肯定要破裂。仙人掌有很强的储水功能，所以它们才能在沙漠中长久地屹立不倒。”

从早上到现在，也不知走了多长时间。日晒、干渴、疲乏……在叶风等人快要坚持不住的时候，终于看到了地图册上标注的那个小村庄——塔斯村。

地图上介绍，塔斯村是游客进入沙漠后最先遇到的村庄之一，上有三公顷绿洲，绿洲东南部有一个内流水系积蓄而成的淡水湖。

远远地望去，看不见想象中那一片耀眼的绿色，只能看见一座灰头土脸的小村庄和房屋间毫无生气的来回晃动的人影——不，已经不能说是人，而是该用鬼来形容他们了。看到这个村庄的惨象，叶风一行人找到这个村庄的兴奋感顿时荡然无存。

他们在村口停住了脚步，叶风原本舒展着的眉头又再一次被锁了起来，“奥兹、莉兹，你们怎么看?”

“嗯——嗯，先进去看看再说吧。”奥兹回答。

“嗯，哥哥说得对，先进去看看里边的情况再说吧，可能里边的情况和我们从表面上看见的不相同呢。”莉兹也说。

“好吧，大家小心点，注意安全，互相跟紧。”说着，他们的身影便消失在村口拐角的地方。

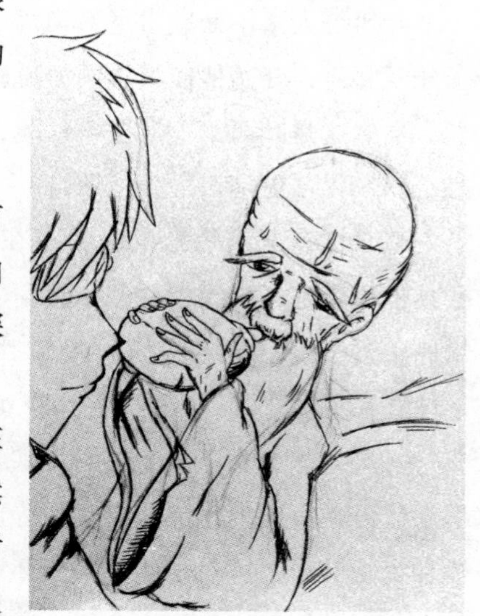

但村里的状况比他们在村口看见的还要糟糕。

无数的“鬼”横尸街头，有“饿死鬼”，有“病死鬼”，更多的是“渴死鬼”。骆驼艰难地向前走着，每向前一步，叶风的眉头就皱得更深一些，仿佛能让人一陷进去就无法再出来。

突然，一只骷髅般的手抓住了骆驼，躲在叶风衣领里的冒冒看见不禁尖叫了一声。虽然只是很短暂的一声，但还是让叶风听到了，对叶风来说这声音像一阵风一样微不足道，却又真实地存在着，叶风停下了脚步。

“怎么了，叶风?”奥兹问。

“哎呀——”奥兹还没听到叶风的回答，身后就传来莉兹的尖叫声。

“发生什么事了，莉兹?”奥兹紧张地回过头来，只见莉兹一只手捂着嘴巴，另一只手指着叶风身下的骆驼，嘴里断断续续地说着：“手，手，有只手抓着叶风的骆驼！”

奥兹顺着莉兹手指的方向看去，果然有一只骨瘦如柴的手，死死地抓着骆驼的腿。顺着手臂看过去是一张恐怖的脸，头上散着凌乱的头发，脏兮兮的脸上，已经变形了的五官凸显在皱巴巴的皮肤上，干裂的嘴唇微微地张着：“水……水……给我水……”叶风下了骆驼，蹲下身来扶起他，将他的头垫到自己的怀里，一边从腰间取下皮囊，一边对他说：“水这就来。”叶风看着手中的最后半袋水，然后毫不犹豫地拔开塞子，将瓶口对着他的嘴倒了下去。

一股甘甜的水流入老人干涩的喉咙里，沁入心田，老人便像在深陷泥淖时抓住了救命稻草般地汲取着叶风手中的最后半袋水。

“呼！”老人大喘一口气，睁开刚刚享受生命之源时闭上的眼睛，然后从叶风怀里坐起来，打量着他们。

“请问这位老伯，您知道这个村子究竟发生了什么事情吗？这里怎么变得如此萧索落寞?”

“是啊！这与我们在地图册上看到的景观完全不一样！”奥兹接着叶风的话也问道。

“看你们这身行头，是到沙漠中旅行的人吧。你们还是快走吧，不然，你们很快也会没命的。”老人说完起身便走。

“等等！老人家，您搞错了，我们几个是来这儿考察的。还有您说的‘死’又是怎么回事?”叶风扶住老人摇晃的肩膀，老人身子一歪，又倒在叶风的怀里。

“老人家，您的身子太虚弱了，暂时还不能走动，您先坐下来休息一下吧！说着叶风扶着老人走到旁边墙角的阴影里。老人靠着墙壁慢慢地坐下，缓缓抬起眼眸，目光延伸到沙漠和天空相接的地方，仿佛沉浸在一个众人从未知晓的世界，“唉！”

“老人家，您可以回答我们的问题吗？请告诉我们吧，这对我们很重要。”叶风再次开口。

“唉——”老人看了看叶风等人，又叹了一口气，说：“看在你们救我一命的分上，我告诉你们吧。”

老人低下头，仿佛在沉思，“我家世世代代住在塔斯村，它曾经就像你们在地图册上看到的那样，拥有青翠欲滴的树林和水盈清澈的湖泊。”

“曾经?”

“是啊，曾经。”老人目光回转，“那些让塔斯村村民在沙漠众部中引以为傲的绿树和湖泊，已经消失得无影无踪了。”说着，老人抬起头向南方看去，他那双饱经风霜的眼睛中诉说着无尽的忧伤。“看到那边了吗?”顺着老人苍老干涩的嗓音望去，众人目光所及之处，只见得无数的沙石在燥热的阳光下静静地躺着，仿佛已被烈日严刑拷打得失去了知觉一般，还时不时地爆出一声炸裂，像是生命尽头的最后挣扎。

为谁呻吟？为那逝去的清凉。究竟是谁在呻吟？是那已失去肉体的绿色灵魂附在曾哺育它的土地上的呻吟。为何只能听到它的呻吟？因为它快乐与悲伤的眼泪早已流干，再也挤不出一滴水。

“难道，那里就是绿洲?”莉兹问。

“小姑娘，你说得没错，那里就是塔斯村绿洲的墓地。”

“那——绿洲为什么会消失呢?”奥兹问。

“唉!”又是一声重重的叹息，“我们塔斯村将这片绿洲奉为神灵的恩赐，村民们世世代代都小心翼翼地使用它，保护它，也正因为如此，塔斯村的这片绿洲才不像其他绿洲一样惨遭毁灭。但它终究躲不过大自然的灾难，厄运很快降临到我们村庄。几年前，有一伙人来到我们这里，讲着我们这里的语言，自称我们塔斯村背井离乡多年的老乡亲，这次是政府派他们来管理塔斯绿洲的。不仅如此，他们还拿出证件，证明他们的身份，全村的人们都很信服，因此村里举办盛大宴会，热烈欢迎乡亲们回家。可万万没有想到的是，宴会结束的第二天他们就都变了脸色。

“以格鲁斯特为首的那伙人将绿洲用电网圈占起来，任何人都不得入内。开始大家以为这是在保护绿洲的资源，所以没太在意。但过了几天，当有些乡亲们家中储存的水用光，想到绿洲取水时，格鲁斯特却无论如何都不让我们进入。我们曾试图进去好几次，都被他们挡了回来。

“软的不行，就来硬的，用武力闯进去难道还不行吗?”

“莉兹，你先别插嘴，好好听老伯讲话。”奥兹说。

“没关系，其实小姑娘说的办法我们也尝试过，最后还是失败了，他们的武装力量很强大，也不知从哪里弄来的枪弹，已经伤了我们好几个人了。单凭我们这些穷苦老百姓的钝刀、铁棍和木棒，是很难与他们抗衡的。”

奥兹说：“塔斯村的大户人家呢？这几年塔斯村的旅游业发展迅速，单凭这一点，他们也应该捞到了不少油水。就算不为了村子，也要为了个人的利益着想啊。”

“哼！为了个人的利益？他们就是为了自己的利益才不肯出手帮我们的。格鲁斯特在绿洲的东南边设置售水处，专门出售淡水。他与那些大户人家达成协议，如果他们不插手格罗斯特干的这些事情，那么这里的淡水就可以对他们降价出售。”

莉兹问：“但是比起现在用金钱买来的昂贵的水，原来免费的水难道不是更好吗？”

老人说：“按照我们塔斯村世代相传下来的规矩，无论这个人贫富贵贱，每个月都只能领取定量的水。谁都不能打破这个规定，否则，就要接受村民们的处罚。而这次售水处的设立，打破了原先的规定，谁有钱，谁就可以尽情地享受水带来的快乐，他们何乐而不为呢？”

## 七　死亡的气息

此时，中午特有的毒辣太阳狠狠地照耀着大地，炽热的光线钻透了每一丝缝隙，仿佛在寻找所有生灵的死穴并带给他们致命的一击。

一切静悄悄的，甚至有些诡异，一缕躲避阳光追兵的清风路过塔斯村，远远地听见一阵啜泣的声音。那低低的哭声仿佛在哀叹过去的一些往事。

“究竟是谁在哭泣？”善良的清风跑了过去，原来是一位沧桑的老人正在哭泣，他的周围还坐着三位年轻人和一只忧伤的蚂蚁。

“让我为你拂去炙热的伤痛，请你不再哭泣。”好心的清风飞了过去，他回头看了看老人的面庞，老人好像听到他的心声，惊愕的脸上划过一滴眼泪。清风笑了笑，继续踏上躲避追兵的路。

老人正在哭泣，两行热辣辣的泪滑过黝黑的脸庞，忽然一阵清风扑面而来，这多年不见的清风怎会在此地驻留？老人抬起惊愕的脸庞，哑然发觉自己面对着一副清秀的面容，黑黑的大眼睛眨也不眨地注视着自己，白皙的脸上一道深深的沟壑紧紧地夹在眉宇中间。老人瞬间觉着眼前是一名带着死亡气息的天使，纯洁的脸上镶着一块黝黑的钻石，它仿佛要将你吸进去，吸到那深不见底的沟壑里。

突然，叶风打断了老人的幻想，同时也打断了这里的死寂，“老人家，请问我该怎样称呼您?”

老人：“我叫特斯福。”

“您好！我是叶风，很高兴认识您。”

“我叫奥兹，她是我的同胞妹妹莉兹。”

“您好！我是莉兹。”

叶风说：“特斯福老先生，刚刚说的售水处，您能否带我们去看一看？我想了解一下这里的情况。”

“你们是?”

叶风说：“你可以称我们为环保志愿者。虽然只是志愿者，但上面却有组织的支持与保护，这次我们进入沙漠调查水资源，就是奉行上级的指示。组织上已经与当地政府进行了全面沟通，如有问题，我们可以代表塔斯村的村民对问题进行协商，解决纠纷。”

“谢谢！谢谢！真是太感谢你们了！既然你们是我们塔斯村的朋友，我当然要为你们带路了，请跟我来。”

特斯福扶着墙站了起来，阳光下的他明显精神了许多。

“特斯福老先生，您和我一起骑着骆驼回去吧，您的体力还没有完全恢复，天气太热，况且，这路上又不好走。”

“不好走？为什么……”

“哥哥。”

“怎么了？莉兹?”

莉兹扭头示意奥兹朝前看。

“这……怎么会这样?”

一行人走在路上，路上的一片片狼藉映入眼帘——

一片片废墟坍塌在荒漠之上，一层层尸体为这个曾经的生活舞台拉上了一道悲伤而又美丽的血色幕布。

特斯福回头看了看叶风，这位天使额头上的黑钻越来越闪耀了，黑幽幽的光芒直逼特斯福的眼睛。

特斯福转过头来，两眼无神地望着前方，“自从格鲁斯特来到我们塔斯村后，村子里就莫名其妙地出现一系列怪病。”

叶风问：“怪病?”

特斯福说：“没错，怪病。开始还只是一些不算严重的小毛病，像什么口腔溃疡、皮肤病等。到后来，这些病传染得很厉害，甚至有些人得了不知名的不治之症。为治疗这些疾病，我们塔斯村村民访问过附近的所有医院，都没有寻到治疗的特效方法。唉！如果能找到疾病的传染源就好了。”

“请问特斯福老先生，这绿洲中的水有没有受到污染?”

“叶风，你问这个是?”奥兹不解道。

叶风说：“我怀疑是村民们的饮水出了问题，这可能就是疾病的传播途径。”

“你是说——水污染?”莉兹问。

叶风说：“水污染，又称水体污染，是指各种污染物进入水体，其数量超过水体自净能力的现象。水污染主要来自生活污水和工业废水，常见的污染水体物质有无机物质、无机有毒物质、有机有毒物质、需氧污染物质、植物营养素、放射性物质、油类与冷却水以及病源微生物等。

“水体污染影响工业生产、增大设备腐蚀、影响产品质量，甚至使生产不能进行下去。水的污染，又影响人民生活，破坏生态，直接危害人的健康，损害很大。

“饮用水污染后，通过饮水或食物链，污染物进入人体，使人急性或慢性中毒，其中的一些化学物质，还可诱发癌症。被寄生虫、病毒或其他致病菌污染的水，会引起多种传染病和寄生虫病。重金属污染的水，对人的健康均有危害：铅造成的中毒，引起贫血，神经错乱。被六价铬污染的水，接触后会引起皮肤溃疡。饮用含砷的水，会发生急性或慢性中毒。砷使许多酶受到抑制或失去活性，造成机体代谢障碍，皮肤角质化，引发皮肤癌。氰化物也是剧毒物质，进入血液后，与细胞的色素氧化酶结合，使呼吸中断，造成呼吸衰竭窒息死亡。

“目前，全世界每年有4200多亿立方米的污水排入江河湖海，污染了5.5万亿立方米的淡水，这相当于全球径流总量的14%以上。

“我们知道，世界上80%的疾病与水有关。伤寒、霍乱、胃肠炎、痢疾、传染性肝类是人类五大疾病，均由水的不洁引起。所以，我猜测这是由水污染而引起的一场风波。”

奥兹恍然大悟道：“原来如此，我们还是到现场去看看吧，特斯福老先生，请您带路。”

路上，又是一阵沉默，太阳渐渐偏西，灿烂的夕阳照耀在那几张严肃的脸上。

蚂蚁冒冒、叶风和大家走向前往真相的路。

## 八　污浊的死水

“叮当——叮当——”

暖洋洋的天空回荡着清脆的驼铃声，这幅场景就像万物初醒的春日里吹来的一丝凉凉的秋风，多么的不可思议，又如此的令人回味其中。

在这充满温馨的气氛下，仍有一个挑弄是非的声音，在不满地咕噜着。众人都看到了，在几棵病怏怏的合欢树旁，一潭散发着恶臭的泥浆在枯黄的草地上翻滚着，“咕噜咕噜”地冒着气泡。泥浆中的枯枝烂叶在透明泡沫的衬饰下格外明显。

特斯福：“这……怎么会这样，上次我来这儿的时候明明还有一片清秀的绿树和湖泊，怎么现在这里变成了沼泽？你去哪儿了我们美丽的绿洲？”

奥兹：“叶风先生，这是……”

叶风：“这应该是水的富营养化造成的。”

莉兹：“水的富营养化？”

叶风：“没错。在正常情况下，氧在水中有一定溶解度。溶解氧不仅是水生生物得以生存的条件，而且氧参加水中的各种氧化—还原反应，促进污染物转化降解，是天然水体具有自净能力的重要原因。含有大量氮、磷、钾的生活污水的排放，使大量有机物在水中降解放出营养元素，促进水中藻类丛生，植物疯长，使水体通气不良，溶解氧下降，甚至出现无氧层，以致水生植物大量死亡，水面发黑，水体发臭形成‘死湖’‘死河’‘死海’，进而变成沼泽。这种现象称为

‘水的富营养化’。富营养化的水臭味大、颜色深、细菌多，这种水的水质差，不能直接利用，对包括人类的许多物种危害极大。特斯福老先生，我们已经证实这里的饮水是那些疾病的传播源，据我了解，你们的用水都取自这一个地方，对吗?”

特斯福：“没错。”

叶风：“据特斯福老先生所言，这片沼泽地上曾有一片湖泊，也就是青湖泊，那片沼泽地就是原来的青湖泊。从那些迹象来看，青湖泊是出现了富营养化现象，才导致这个地方变成了沼泽。这里是塔斯村唯一的水源，因此，即便这里的水被污染毒化了，那些奸商还出售给你们。塔斯村村民们摄取太多毒化水，日复一日，年复一年，如此一来，随着水一起被摄入人体的病菌不断分裂、增生、变异，然后又传播，从而导致了这样一个疾病恶性循环的局面。”

莉兹：“那么这里的水为什么会污染呢?”

特斯福：“我想起来了，格鲁斯特曾在绿洲的另一边挖掘了排污池，排污池从地下连通了水源。叶风先生，你看，我说得对吗?”

叶风：“有没有连通青泊湖附近?”

特斯福：“这边离格鲁斯特的宅院挺近，我想应该有吧，可是我不太确定。”

叶风：“奥兹、莉兹，要抓紧时间调查，明天一早将调查材料报给我。”

“是的!”

第二天，格鲁斯特宅院。

一座清爽怡人的花园里，早晨柔和的阳光和艳丽的花朵爽朗地笑着，叶风正在享受着美味早餐，忽然听到一个爽朗的声音在喊：“叶风大人，昨夜睡得可舒服?”

叶风：“……”

“叶风大人，这早餐还合您的胃口吧?”

叶风：“格鲁斯特先生，我正在吃早餐。”

格鲁斯特面露尴尬之色，“叶大人，您远道而来，小的应该及时为您接风才是啊，小的在这儿给您赔不是了，谢谢您大人不计小人过。”

叶风仍然面不改色地吃着早餐，冷笑道：“哼，哪里哪里，您客气了，我这等身份的平民，哪能劳驾您呢。”

格鲁斯特心里暗想："难道这小子发现了什么？不，也可能没发现，既然他是组织派来的，那么我就不能轻视他，要小心提防着点。先探听探听再说。"

"啊，原来叶大人说的是那件事啊！我怎能把大人您给忘了呢，您不是也想分一杯羹吗？放心吧，大人，少不了您的……"

"叶风，这是报告。"奥兹、莉兹彻夜未眠，终于在清晨将塔斯村水污染的报告呈交到叶风面前。

"谢谢！"叶风接过报告，急忙认真仔细地看着。

格鲁斯特静候在叶风旁边，双眼紧盯着叶风的面部表情，仿佛要看透他的内心世界。但是，这次奇怪了，就连善于察言观色的格鲁斯特也读不懂叶风了。不仅如此，他还感受到一道带着鄙视与愤恨的目光，虽然他并不知道这双眼睛究竟藏在哪里，但是他能隐约感觉到，这目光来自叶风。其实他并不知道，这道让他胆战心惊的目光，实际上来源于藏在叶风身上的小蚂蚁——冒冒。

站在叶风颈边的冒冒发觉背后有一束冷光，转过身来，竟是那格鲁斯特在不怀好意地看着叶风。冒冒瞧着他那一副狡诈荒诞的嘴脸，简直就想呕吐，"一米出头的身高，看上去足有一百公斤左右，四肢粗短，头上稀疏的毛发像被酸雨淋过似的，可笑地盖在他那像球似的粉白色的头皮上……那肥头大耳的样，简直活脱脱的一猪八戒再现啊！哈哈！"

冒冒一边嘲笑着格鲁斯特，一边用仇视的目光向他斜视着。就是这个人，是他差点让塔斯村惨遭灭亡，是他让沙漠中的生命无家可安，是他让自然之母在此地将原本快乐的眼泪流干……他是自然之母的敌人，他是塔斯村绿洲的敌人，他是叶风他们的敌人。啊，对了，他也是我们的敌人，他是破坏地球资源不可饶恕的罪人！

"啪！"正在低头翻看报告的叶风突然将报告重重地往餐桌上一摔。格鲁斯特心想："这下可完蛋了，自己的官职一定会给罢免的。"因为他发现叶风的眉头紧紧地锁着。

叶风突然转过身来，坐在桌子上，两臂抱起，冷冷地盯着格鲁斯特。

格鲁斯特看着叶风的眼睛，不，准确地说是眼睛和眼睛上方的那道"深渊"，一股黑色的气流从叶风的眉宇间流出，袭击着格鲁斯特全身，顿时，他感觉心灰意冷，无比绝望。

格鲁斯特："叶大人，您这是……"

叶风怒视道："看看你干的好事，麻烦你在我下午赶回来之前，给我一个合理的解释。"

但是，叶风等人怎么也没有想到，从今以后，格鲁斯特他们再也没有踏入这座宅院半步，再也没有脸面见到世人。

## 九　最后的眼泪

叶风一行人再次来到青泊湖沼泽，这次要进行详细的实地调查。

忙活了半天，众人大汗淋漓。叶风拿出从格鲁斯特宅院中带出的水袋，递给奥兹和莉兹，"大家喝点水休息一下。"

奥兹和莉兹说："先不休息了，这儿还有些事情要干，叶风先生，您先休息吧，您不仅要和我们一起调查此事，和格鲁斯特斗得也够累的了。"

叶风拍着两人的肩膀说："听话，照我们这样工作下去，老黄牛都快叫我们比得自愧不如了。"亲切的话语中带着几分幽默。

看着叶风稍稍展开的眉头，他俩都欣慰地笑了："嗯。"

"小东西，等会儿你也喝点水，站在我肩上这么久，也该累了吧？"

蚂蚁冒冒欣慰地看着叶风，"果然是我冒冒的好旅伴。"

突然，一股怪异的气味刺激了冒冒的感觉器官，"不要！这水……"冒冒没来得及说完，叶风就咕咚咕咚地将水咽了下去。

紧接着，叶风感到喉咙干涩得难受，胸口剧烈地疼痛，五脏六腑仿佛要炸裂一般，叶风手捂着胸口，最后断断续续地说了声："有……有……毒。"接着便永远地闭上了眼睛。

冒冒从叶风身上摔了下来，他感觉不到自己身上的疼痛，此刻，他的心更是疼痛得厉害。冒冒呆呆地望着叶风，他依然愁眉不展，就像冒冒第一次见到他时一样，还有那黑色的头发和闪亮的眼睛。一切都像叶风还活着的时候一样。冒冒始终认为叶风还活着，只不过是太累了，在休息而已。旁边的奥兹和莉兹也是，他们静静地躺着。与叶风一起，陪伴着叶风。他们是最好的属下，以后也会与叶风一起并肩走着，走到另一个世界，也就是冒冒的同伴们去过的世界。

“啪!”一滴水珠掉在叶风的脸上，顺着眼角滑过脸庞。

“啪！啪!”两颗透明的子弹击中冒冒的心脏，冒冒径直倒在地上，金轮的影子融入冒冒的瞳孔，仿佛他生来就长在那里。“咦，明明正在下雨，天上为什么会有太阳？哦，我明白了，这就是叶风说过的太阳雨，真美啊，你是来接我的吗?”冒冒开始语无伦次起来。

“啪！啪！啪!”雨越下越大，冒冒身下干裂的土地在雨水的冲击下再一次变成泥浆，他能感到自己的身体，正在一点一点地往下陷。沼泽里的臭泥浆已经蔓延过来，浸透了他全身。冒冒的眼前一片模糊，那一滴滚烫的泪与冰凉的雨水混在一起。不对，我的泪已经流干了，现在只有我的心在流血，不过，这个世界上已经没有任何能让我的心滴血的事了，除了你——

“自然之母，你为何再一次哭泣？请你停止哭泣，再一次露出乌云过后的灿烂笑容。你那作恶的儿女必然会受到良心的谴责，上帝会惩罚他们的，你的伤痛，会有人继承我们的意志为你抚平。接下来，伙伴们，我可以去找你们了，希望天堂不再有悲伤、不再有别离……”

# 后　记

## 那一段金子般的美好时光

刘　珺

《蚂蚁冒冒的哭泣》是我尝试写的第一本环保小说，小蚂蚁冒冒是这篇故事的主人公，创作前我试过用多种事物来演绎冒冒的角色，但都不能完美地把主人公的见闻和情感表达出来。我爱大自然，在观察大自然的过程中对它产生了爱，寻寻觅觅中，我忽然想到了蚂蚁。蚂蚁可以说是自然界中一种最常见的生物之一，无处不在，它们貌似很渺小，可是它们的力量却不敢让人类小瞧，“千里之行，始于足下”，一只小小的蚂蚁竟然可以搬动比它重几倍、几十倍，甚至几百倍的物体，竟然可以爬上在它看来高得不见尽头的大树的顶端，竟然可以在群体生活中与同伴和谐相处，井然有序地生活……这些，我们人类能轻易做到吗？我们有如此的力量，如此的勇气，如此豁达的心胸吗？在我看来，小蚂蚁们不仅有智慧，还有丰富的感情，我们的主人公冒冒就是这样。

在创作的过程中，我遇到了一个最大的瓶颈：在冒冒看来，这个世界是怎样的呢？想象的翅膀在我的脑海里不能展开，于是我再一次走进大自然，在青青草堆里，陪着小蚂蚁一起寻找食物，坐在枝头上与小蚂蚁共赏落月、美景。日复一日，我渐渐了解它们的世界，学会了用它们的视野看待万物，于是我又埋头闷坐在屋里，不顾手腕的酸痛，压抑着烦躁的情绪，笔尖在纸上不停地游走，因为我心里明白，一群活生生的人物，一篇鲜活的故事就要被创作出来了。

一年的光阴匆匆流过，我的写作水平也随着我的个子突飞猛进，词语的运用更加熟练了，句子更加通顺了。回过头来，我俯视着过去写的文章，再抬头看着如今的文笔，我的心蓦然加快了跳动，稚嫩的文字渐渐变得成熟，思想变得一发而不可收，终于，小书创作出来了，兴奋与喜悦的泪水夺眶而出！原来，创作一本书的过程是如此曲折、艰辛，也是如此的有趣，无论将来如何，这些都成了我一生中最珍贵的回忆。

2014年4月4日

# 韭菜日记

作者：刘逢元

插画：刘逢元

# 作者、画者简介

刘逢元，生于2000年2月24日，现上七年级，是想象力丰富的双鱼座。喜欢没事胡思乱想做白日梦，有时也会“梦”到许多不错的灵感，但是因为懒得动笔，总没啥巨著面世。这次的《韭菜日记》可谓沥尽心血的处女作，也深刻体验到了码字的不容易，懂得了每个作者背后的艰辛。

希望大家能喜欢作者的劳动果实哟！

## 一 落地生根进行曲

3月4日 星期一 天气：晴

真是一个明媚的早晨呀！

我眯着眼，在农民伯伯的手里舒适地滚来滚去，惬意地感受着阳光落在身上的暖意。想到一会儿就能落地生根了，心情真是既紧张又兴奋呀。

啊！小七姐姐已经跳下去了。我也赶紧滚到伯伯的手指尖。Look！起跳360度旋转，720度空中旋转！落地无“水花”！Perfect！Wonderful！如果有评委，我一定能得100分的！我洋洋得意地想着。

“跳地”后跟小七姐姐打了个招呼，开始晒太阳。不一会儿一个冰冷的铁家伙把我“活埋”在了地下。正晒太阳晒得有些倦意的我用早早催生出的细小根须伸了个懒腰，一边吸收养分一边睡着了……

咦？为什么突然……有些悲伤？

## 二 悲伤的节奏，不祥的预感

3月5日 星期二 天气：无从得知

唔，试想，如果你好端端地在睡觉，原本美好又幸福的心情却突然莫名地忧郁了，你会如何置之？

不管你的反应如何，我可是相当相当的愤怒。(睡觉是人生也是韭生中的第一大事！)

愤怒地睁开眼，根须处的情绪宝宝们（感受情绪的小家伙）便一溜小跑地回来报告：“是前任韭菜的悲伤哟！”真是的，还是这么爱卖萌，说什么都要加上个“哟”字……啊，不对不对，这不是重点，现在关键的问题是，前任的韭菜为什么要伤心呢？害得人家好梦都没了！我唤来情绪宝宝，大家一起陷入了深沉的思索之中……

宝宝一号率先提出见解，“有没有可能是棵多愁善感的韭菜呢？”

其余正冥思苦想的宝宝们闻言纷纷墙头草，随风倒，“是呀是呀！”

这个说：“可能是韭菜中的林黛玉哟。”

那个说：“更像杞人哟，乐趣是忧天！”

……呃，需要我赞叹你们学识渊博吗？

不过在我看来也就是这种可能了，于是满意地宣布：“散会！”（哎？我们讨论出什么了吗……）

望着宝宝们意犹未尽叽叽喳喳讨论着散开的背影，我满足地打了个呵欠，继续做我的春秋大梦。

小九后记：现在想来，那时的我，就像一只逃避现实的小乌龟，把四肢慢慢缩进安逸的壳里，忽视了内心强烈的不安。

## 三　外面的世界很精彩

3月8日　　　　　　　星期五　　　　　　　天气：晴

好满足呀，一觉睡到大天亮！

咦？不对。我现在不是在土里过着不知昼夜的生活吗?怎么会知道天亮了？

唔，是无意间拥有了透视眼这种高端技能吗？（等一下，我哪来的眼？）还是感光细胞变多了？（都说了没有眼啊！）抑或是眼睛变成了猫眼的结构？（呃……）

我没来由地胡思乱想一番，又因不科学而一个一个自动否定掉，最后百无聊赖地向上一看。

啊，原来是因为自己长高了啊……

现在盖着我的只是一层细碎的薄土，阳光细微地洒进来，更让人感受到温暖的美好。嗯，只差一步就能破土而出啦！于是我奋力一顶。

嗯？顶不动？这不科学！

我透过丝丝阳光看上去，一堆石头正耀武扬威地压着我。这就好比家门口被人放了一吨重的磅砣，就算打开门也出不去，多么令人懊恼！但不同的是，当一个人打不开门时还可以从窗户出去（假如有的话）。可是眼下我这种情况，又不能绕道，真是更加地……令韭菜懊恼！

不过困难向来是用来克服的，经过我的不懈努力，我终于叫来了“警察”搬开了石头！嗯……其实是农民伯伯好心地帮我拿开了。不过不管怎样，我终于破土而出了哟（被传染了）!

感慨了一番破土而出的不易后，我开始好奇地打量这个我在种子时代不太关注的世界。

四周青山环绕，中间大概是盆地的样子；土壤肥沃，便于耕作；河流较多，水源充足；气候适宜，适于农作物生长……噗——我在干什么……

向旁边的兄弟姐妹们打了个招呼，又和小七姐姐聊了会儿天，在美好的太阳光中，我再次……睡了过去。

小剧场：

宝宝一号（生气地忘了卖萌）：“作者为什么总让小九三番五次地睡过去啊？害我们都没多少出场机会了!”

无良作者：“为了……凑时间。日记嘛，当然要一日一记了。小九只有睡过去，才方便时光飞逝哟!”（作者也被传染了。）

宝宝们：“……”

小九后记：嗜睡是从小养成的!

## 四　外面的世界很无奈

4月8日　　　　星期一　　　　天气：未加注意

不知不觉间，一个月过去了。

这一个月中的生活，除了无聊，呃，还是无聊。但今天发生的事情，又使我十分地希望昔日以为无聊今日又觉美好的生活能够继续下去。当然，现在也只能是我的妄想了。

话说回来（尽管一点也不想说），这件可怕的事情是这样发生的……

啊，又是一个明媚的……咦？中午。睡到日上三竿头再起的我慵懒又惬意地打了个呵欠，正打算换个姿势继续睡，就见小七姐姐一脸痛心疾首地对我说：

“你这么懒，以后……是嫁不出去的啊！”

唔，嫁什么嫁，姐姐真是的，连自家弟弟的性别都搞不清楚。

不过我也懒得吐槽，正打算自顾自地完成作者交给我的“光荣”任务，就见几个相貌不熟的农民背着几个大桶径直向我们走来。咦？农民伯伯呢？“唔，大概是这些人把这块地租下来了吧。”我如是猜测着。后来证实，我确实猜对了。

但作为一棵在当时还没睡醒的韭菜，我很傻很天真地想：“啊，他们是要来这里送肥料吗？”直到他们走到跟前，看到那一身包裹得严严实实的装束、接替着袖子的塑料手套以及连接着大桶的喷管，才有些感到不对劲。不过因为那可恶的作者安排我睡的时间太长，所以我依然没反应过来。

于是，就在我迷糊之际，那大桶里的可疑液体便铺天盖地地“杀”向了我。

渗入骨髓一般的痛楚剧烈地袭来，几乎令我昏厥。可我无法移动，只好任人宰割。

看来，那大桶里的液体根本不是滋润万物的水，而是农人们美其名曰“农药”的化学物质，小小地淋上一点，就会腐蚀皮肤。所以人们喷洒农药的时候要全副武装，以保护自己。

可是，这农药的剂量也太大了，稀释程度也不够，作为人类，这些人难道不知道这样做会对食用者产生可怕的后果吗！？要知道癌症的发病率越来越高，且日趋年轻化，这很大程度上与食用受污染的蔬菜有关，他们这样做不仅是对韭菜的不尊重，更是对全人类的不尊重！

而且不仅如此，这些人还把用后的废液随意倒入田地中，难道不知道会造成土壤板结吗？

正愤怒地控诉着的我突然打了个寒战。用农药的人肯定不会不知道农药残留的危害，那么唯一的可能就是，他们种出来，然后，卖给别人……而土壤板结他们更是不怕，反正只是租一段时间，之后的事情与他们一点关系也没有！这一定便是他们的想法吧……

不能称他们为人了，这简直就是——

禽兽啊！

就在我在心中愤恨地诅咒着这群丧尽天良的禽兽时，忽然一只“禽兽”蹦蹦跳跳地过来了。是一只兔子，作为被捕食者，我们可招惹不起，于是大家安静地目送着他远去。

慢着！好像有什么东西……被留下来了？

我慢动作回头，和几只小飞虫大眼瞪小眼。呜……想起来了，是兔子养的宠物。此时我的心里真是悲愤交加——刚洒农药，再逃兔口，竟然又入虫嘴！哼！反正我刚撒了农药，咱们不是你死，就是我活！而且，这样苟且偷生地活着，还不如死了呢！我视死如归地闭上了眼睛，等待着最后的时刻。

正当我大义凛然地准备慷慨以赴时，小飞虫们扑了上来。我努力地自我催眠，“我不疼，我不疼乘以n……”

咦？好像真的不疼。

定睛一看，被农药毒死的小飞虫们死不瞑目，一只只地“长”在了我身上。

我默默地把他们抖落下来，莫名觉得……自己真坚强。

## 五　兔子与韭菜的恩恩怨怨

4月9日　　星期二　　天气：阴转多云转晴

有句俗话说得好啊——躲得过初一，躲不过十五。用来形容我现在的处境最是贴切了。

更何况，人家现在连一天也没有躲过呢！嘤嘤嘤……（忘了说了，“农药事件”后，我和情绪宝宝的口头禅就都变成了这样。）

言归正传，此时的我，正向兔子小元讲述这样一个故事——一滴农药引发的血案，竭力地撇清着自己与小飞虫惨死的关系。

而小元正一脸高深莫测，似笑非笑地看着我。

……可惜，我偏偏就吃这一套。

将事情的起因、经过、结果高潮交代得一字不落后的我一边小心翼翼地观察着对方脸色，一边殷勤问道：“您还有什么想知道的吗？”同时还在内心感叹自己时运不济，“刚逃农药，又入兔口，并且腹诽着是他们自己找死，为什么要我交代得这么事无巨细啊！啊啊啊（我真忙呐）！”

咱们沉默的兔子兄弟终于收起了一点冰山气场，眨眨眼，淡定道："其实，我关注的不是这些……"

我石化了，你怎么不早说……

小元无视我幽怨的目光，继续道："我只想知道，一般农药并不会这么快就把虫子毒死，尤其我还天天拿他们做实验，其生命力更是非比寻常，可按你的说法，他们在极短时间内就死了，这是怎么一回事？"

小元的笑容令我有些头皮发麻，连忙一五一十地据实相告这可耻农民喷洒大剂量农药的可恶行径。小元闻言脸色变了变，不动声色地与我拉开安全距离。

我的自尊心……碎了……

不知为何，积压已久的委屈在此时突然涌上了心头。明明面对的是一个素昧蒙面的陌生人，却很想号啕大哭。

小元不知我怎么了，正想开口问，就见我毫无形象地大哭起来。

他似乎被我吓了一跳，手忙脚乱地想要安慰我，却起了反效果。我哭得更凶，他更加手足无措，如此这般地恶性循环着，直到我哭累了才停下来。

小元看我不哭，释然地松了口气，对我略有些歉意地笑了笑；而我，经过彻底的发泄，心情也放松了下来，又见他那手足无措的样子，忍不住破涕为笑。

我俩握手言和。

从此，一棵韭菜和一只兔子，奇妙地成为好朋友。

## 六　逃跑的预谋

8月9日　　　星期五　　　天气：晴

啊，不知不觉，与小元已经认识一个多月了。

小元真实的性格与初见时的印象完全不同（所以说刚见面时的严刑逼供完全是他装出来的吗）。作为一只可爱又帅气的兔子，小元其实是很体贴的。不过因为他在生活中养成了警觉的习性，所以对初见的人总是要敌对一些。但是对于我来说，那场号啕大哭已经足以让他对我的印象全然改观。

于是从那之后，我们就成为神奇的跨种族的好朋友。

又一次“天降农药”，刚从鬼门关逃出来的我如同大病一样瘫倒在田坎上。放眼望去，除了几棵最顽强的同胞还在顽强地与命运抗争，其余的差不多都和我一样，只剩苟延残喘的份儿了。

我正无聊地“巡视”着“病人们”的惨况，就见一只雪白色毛绒绒的物体欢快地向我蹦跶而来，不是小元还能是谁？

唔，臣妾本想起身迎驾的，奈何这破身体确是不适得很，于是只得静候“皇上”前来。

察觉到自己又在不定期脑抽了，赶紧把越飘越远的思绪拽回来，专心应对小元的提问，“又打农药了吗？”

我保持着“病弱美人”的姿态，有气无力开口道：“本宫……啊不对，是我，我又被可恶的农药摧残了，求安慰！嘤嘤嘤……”

小元倒也习惯了我的各种胡思乱想，不改淡定本色，道：“嗯，爱妃放心，朕会的。”

啊，好想骂人……

受不了我那“恶狠狠”的瞪视，小元妥协道：“收起你那柔弱似水的目光吧，说正经的。”

柔弱？似水？

哼，看在没有偏离我原意的份儿上，我就大人有大量，姑且先不计较了！

于是在跑题了很久很久之后，我们的谈话终于艰难地拐回了正常轨道上。

小元道：“你是不是每月8号打农药？我打听好了，离这里不远有块好地，不会被农人们发现。我可以趁他们不注意把你带出去，怎么样？”

逃跑啊……我有些犹豫。

小元看我不语，催促道：“再过不久你就成熟了，到时候就再也没机会了！”

我权衡了一下利弊：如果不做反抗，就如小元所说，我这辈子就葬送了；但如果放手一搏，倒还有可能逃出去。而且我也不想被坏人们就这样利用。嗯，好！就这样干吧！

我已经下定决心，但还有些担忧，“那我身上的农药……”

小元心领神会，“我可以找个塑料袋把你包起来。”

我想了想，还是不太放心：“那你六七号来接我吧，那时农药应该也就没了……吧？”不知为何，最后一个字我下意识地压低了声音，似乎不怎么想让小元听见。

小元爽快答应，“好！”

小元走后，我愣在原地，对自己的举动有些不解。

小剧场：

送走小元后，小九转身看到小七姐姐一脸欣慰地望着自己，心中立马就有了一种不祥的预感，果不其然，小七姐姐一开口就是“甄嬛体”，而且又把小九的性别搞混了：“听闻妹妹近来……”

小九当机立断地打断：“说人话！”

“恭喜你找到一个好归宿哟……”（咦？为什么小七姐姐也被传染了，而且还是没有更新过版本的那种。）

“我应该让你不说话的……”

## 七　我的私心

9月8日　　　　　　　　星期日　　　　　　　　天气：阴

今天，本该是美好的一天，小元就要来接我“出狱”了。

但谁也没想到，这一天，却是一个最令人伤心的日子。现在想来，这天气就仿佛预示了什么，但是，谁也没有注意到。

中午，天空有些阴郁，我正想着会不会下雨，就见小元叼着塑料袋一蹦一跳地向我跑了过来。只是与此同时，一拨农人竟也朝田地走来。

怎么回事？打农药的时间提前了吗？

我对小元说：“你先走吧，农人来了，时间来不及，下次吧。”

但一向对我很听从的小元这次竟难得的没有妥协，固执道：“不行！多打一次农药你就多受一次罪！没事的，一会儿就好。”言毕，麻利地把我从土里刨出来。可这时，农人也已经走到眼前了！我急得不行，可小元不管不顾。而且为了节省时间，他连塑料袋都没包，把我衔起来就跑。

我急得大喊："不行啊！我有农药残留！"

小元正快速逃跑，却还不忘反驳我，"这有什么?我又不嫌弃你……唔，呵……"我觉察出不对劲，赶紧让小元把我放下来。他把我轻轻放下来，但我却能感觉到他在颤抖。然后小元便蜷成了一团，似乎很痛苦，脸色难看。

我大惊失色，这乌鸦嘴！真想抽自己两耳光！

小元饶是那么痛苦竟还想着我，看表情就知道我的想法，轻笑道："想什么呢，又不是你的错……"可声音却慢慢弱下来，也逐渐停止了颤抖，了无生息。

我不敢置信地望着小元。刚才不是还好好的吗？为什么……为什么现在……

啊！对了！我一定是在做梦！

小九！快醒醒！快醒醒！醒来了……就什么都好了！

我把自己置身于黑暗中好一会儿，猛地睁开眼！可眼前的景象，却并无半分改变……

我不能再自欺欺人了……

小元……死了。

因为我的自私……他死了……

如果不是我明知有危险还答应……他怎么会死呢？

是我害死了他。

就算平时如硫酸一般的农药，洒在身上也没有感觉了。

身痛，如何能大过心痛？

## 八　流泪的天空，晶莹得令人不敢直视

不知何时　　　　天气：小雨

自从小元那件事后，我的心情便一直苦涩着。如果有人在我面前提起，便会欣赏到我难得的歇斯底里的模样。

呀！天下雨了。

兄弟姐妹们都欢欣地感受着久违的甘霖，我也在这冲刷罪孽的圣水下冲洗我污浊的灵魂，苦闷的心有些许解脱。

几个尚有些年幼的弟弟妹妹仰望着天空，感谢上天的馈赠，但不一会儿就都把目光收了回来，纷纷为眼睛酸涩而疑惑不已。

几个年长的轻笑出声，显然是之前便尝试过。我也是那没有尝试中的一员，可流泪的天空总是令我无法直视的，如天神般圣洁。

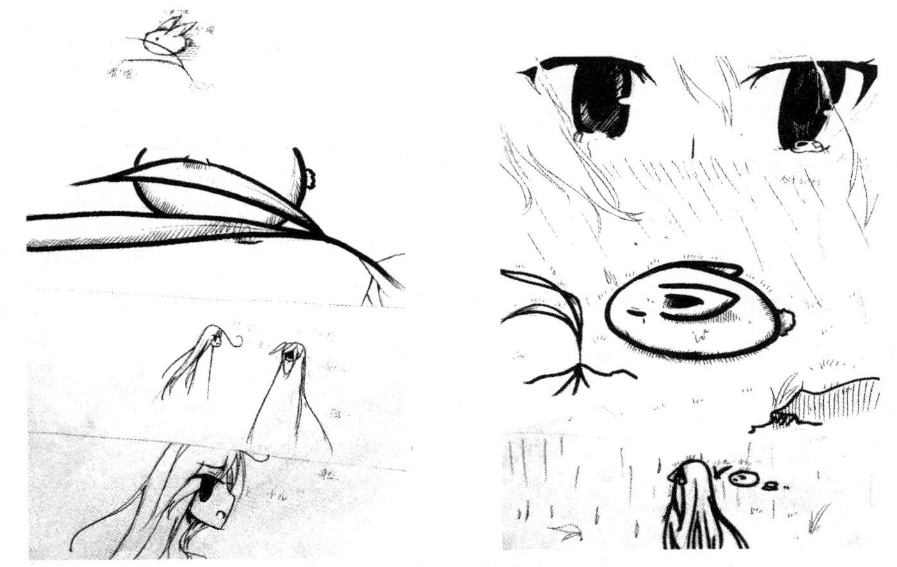

说起哭泣，难道上天是在替我哭泣吗？替我这眼泪早已流干的小生灵而哭泣？

头顶上已有一层人们匆忙铺上的棚膜，隔断了雨滴与我们的联系。我抬头望着被雨滴染得模糊不清的苍穹，无声地对他说谢谢，脸上的微笑终于少了些勉强。

## 九　复仇大计，无能为力

11月28日　　　　星期四　　　　天气：下雪了呢

秋去冬来，不知不觉间，大地已经被无数朵细小的雪花装点得银装素裹。若是不知情的人来到这充满了悲切的土地，大概还会以为是一处美丽的世外桃源呢。

而在这纷纷扬扬的大雪中，我似乎感到心中的苦痛少了些，因为似乎人世间的所有杂念都随着晶莹的雪花飘落至地，一切都尘埃落定。

而经过长久的时间沉淀，我的心绪也慢慢平复了下来。现在想来，小元的死虽跟我有关系，归根结底却还是那可恶的农药致使的。所以我现在不应该再做无谓的检讨，而是应想办法让那些使用农药的坏人们罪有应得！

我本就不是什么正人君子，有冤怎会不报？更何况……这群人害死的是我最好的朋友……

感到自己又在“心绞痛”了，我苦笑。觉得自己近来越来越不正常了。

回头望望身后，可惜这个地方离小七姐姐太远了，不然还能找她商量商量。但一想到是谁带我来这么远的地方的，心就又是一阵抽痛。

强自定下心神，大脑开始高速运转。

要凭自己的力量报仇是绝无可能的，但他们是否会自食其“果”呢?我们本身就有农药残留，农人们吃了我们，大概也不会很好受。不过农药是他们喷的，自己也应该不会去吃。

我思考来思考去，也不知道农民究竟会不会吃有农药残留的韭菜，所以为小元报仇这个问题，依旧是——无解。

## 十　山重水复疑无路

第二年2月24日　　　　星期一　　　　天气：多云

经过长达一个冬天的冬眠，我已经完全平静下来。

一个长梦里与小元快乐过去的点点滴滴已经让我很心满意足了，其他的，顺其自然就好。

只愿，小元与我在天堂重逢时，不会怨我为他报仇。

果然，还是忘不了这件事啊……

春天到了，我和小七姐姐在货车上幸运地重逢了，但大概也只能是短暂的再聚罢了。不久可能就要身不由己地各奔东西。正因如此，我们很珍惜这段可能唯一美好的时光。

但在货车上，我们却并未说太多话。一是因为离开了土壤身体比较虚弱；二是，既然都能从对方眼中看到无畏，又还需要说什么吗？

货车颠簸，辗转流离。我们被运送到许多地方包装、贩卖。许多正义的兄弟姐妹不想这样去祸害别人，争相跳车，即使孤独地化成尘埃也在所不惜。但我和小七姐姐因为被压在下面而失去了这机会。但幸运的是，我们也一直在一起，没有分开。

最后，我们与另一些韭菜又被装上货车，不知去向何方。

## 十一　柳暗花明又一村

第二年2月25日　　　　星期二　　　　天气：晴

我正在颠簸得厉害的货车上昏昏欲睡，没有土壤的滋养，觉得自己近来越来越虚弱了。就要睡着时，小七姐姐突然激动地叫醒我。我心说："这时候，难道还能有什么希望吗？"但仍强撑着透过缝隙看了一眼。所谓"一'眼'惊醒梦中人"大概便是如此了吧。

外面那熟悉的景色，不正是那个"生养"我们的村庄吗？

现在我突然理解小七姐姐那激动的心情了，因为此时我已变得和她同样地欣喜若狂。

回来了这里，是不是意味着……可以为小元报仇了？

车子仍在颠簸，道路仍是崎岖。

但接下来的路程……好像没那么难熬了。

## 十二　害人终害己

第二年2月26日　　　　星期三　　　　天气：阴

在货架上，我和小七姐姐冷眼看着挑选我们的人们来来往往，全然不知这些就是他们亲手卖出的韭菜。呵！想害人？请看题目。

被人挑走，觉得那人很是眼熟。细看时发现，这不就是给我们打农药的人吗？这人正愉快地向家走去，嘴里还吹着口哨。是在为能把有农药的韭菜卖给“别人”而感到高兴吗？呵！我低头轻笑，心中冷意更甚。

终于到了家，我和小七姐姐躺在砧板上，面对即将来临的死亡觉得很是解脱。菜刀在细碎地切割着身体，灵魂也仿佛变成了不成样子的碎片。

但过了不久，不适全都消失，身体变得既舒服又柔软。飘在空中的我看着被人吃掉的我，有些恍惚。但为小元报仇的心愿已得到实现，于是轻飘飘地飞上了天。

在被耀眼又温暖的太阳光完全笼罩之前，只有一个愿望坚定地盘踞在心头——如果有来世……只愿大家……还能在一起……

安详的黑暗笼罩了我……

## 番外1　谁说没有来世？

2015年2月24日。

小九整个摊了一大床，一副人事不知的样子。此景此景，让赶来叫他的姐姐小七颇为头疼。

姐姐吐槽：“……你以为你还是一棵韭菜吗？看来要出杀手锏了！”

拉长字音，放慢语调，清清喉咙道：“小——元——”

于是奇迹出现了，刚才还在床上尽心尽力扮死尸的小九如同回光返照一般激动地从床上跳起，“小元？你找到他了？”

小七好似没听到，“亲切”地微笑着说：“醒了？来吃饭吧。”

小九又中计了。

好的，隆重介绍一下。如大家所料，这正是保留了前世记忆的小七、小九姐弟，为孤儿一对，目前住在政府发放的小房子里，日子过得挺滋润。但唯一美中不足的是，一直没有找到小元的下落，所以也难怪小九会中计。

望了望品相诡异的饭菜，小九一边自我催眠：“这能吃这能吃这能吃……”一边小心翼翼地尝了一丁点儿。嗯，虽然它们融合在一起，但菜是菜的味道，饭是饭的味道，盐是盐的味道，口感很独立。于是当机立断地放下筷子，以迟到为借口赶紧溜了。

小七听着小九那句“咱是不迟到的好学生”，顿时觉得……自己深深地被欺骗了……

匆匆来到学校，“不迟到的好学生”发现自己又迟到了……呃，好在老师没来。刚要开始学习，注意力却又被老师进门吸引了过去。倒不是说小九的注意力多不集中，而是跟在老师身后的那只……这容貌……这气质……当真不是小元吗?!

似乎感受到小九灼热的注视，新同学回头冲他笑了笑，引起一群女生惊叫连连。

之后的剧情很没创意，什么欢迎新学生啊，请自我介绍啊。女生们心里暗道：“这么麻烦做什么，知道又来一个帅哥不就好了（上一个帅哥自己猜）。”男生们心里暗道：“这么麻烦做什么，知道又多了一个竞争对手不就好了（上一个竞争对手自己猜）。”

新同学倒是很淡定，笑眯眯地做了自我介绍。小九听别人说话向来是抓关键词，这次也不例外，最后的几个字听得格外清楚——叫我“小元”就好。

于是，释然了。

## 番外2　感人的重逢啊

虽然气质、性格都符合，就连名字也一摸一样。但小九仍要确认一下，万一这货不是小元事情可就乌龙了。

于是火急火燎地等到下课，正想拐弯抹角地刺探一下情报。小元却先一步地把他拉到一个僻静处，似笑非笑道：“你是小九?”小九正兀自感叹着这熟悉的表情，闻言先是惊了一下，心随即不可抑制地狂喜起来。但激动了一会儿，又猛然想到可能是从别人那里听来的，于是收拾好情绪，淡然抬眸道：“嗯。”

小元低头玩着自己的手，道：“喜欢吃韭菜吗?”嗯？这什么怪问题？小九嘴角抽了抽，道：“不……喜欢。”随即反击道：“你呢，喜欢吃兔子肉吗?”小元抬头笑道：“嗯，喜欢。”

什么情况?

小元见对方无语，颇有些得意地笑出声来，“好了，我知道是你了。”小九看见小元的笑颜，想起过往的艰辛，泪珠却落了下来。小元顿时方寸大乱，“你怎么又哭了？我……我逗你玩呢！”

小九见小元这与过往一模一样的神态，再次破涕为笑。

## 番外3 切肤之痛的力量

今天，他们三人来到一个演讲厅。虽然这里没有金碧辉煌的景象，却也别有一种庄严。

那么，大家猜到他们在演讲什么了吗？

没错，这被农药祸害得很惨的三人正是在做关于“蔬菜安全，抵制农药”的演讲。因为准备充分，所以也没有因此而怯场，发挥很稳定，得到了评委们的一致好评。

现在人们对“蔬菜安全”越来越重视，于是相关活动也层出不穷。小元他们不久后还要去菜地实地考察。（大家猜一猜他们要去哪儿的菜地？）

## 番外4 “故地”重游

终于到了实地考察的日子。

经过一番坐车、倒车的折腾，他们三个成功地来到了过去“居住”的地方而没有被农人们发现。

面对这承载了太多过去悲伤记忆的土地，一向嗜睡的小九再也没有一副昏昏欲睡的样子。大家都无言地望着这里。

良久，小元最先回过神，拍了拍小九，像是安慰。其实，受到伤害最大的是他，但最先反过来安慰别人的也是他。这让小九觉得自己还是有些幼稚。其实这也没办法，因为小元转世最早，所以比他大两三岁呢。

大家感伤了会儿，然后开始干正事。他们把地里的土壤放入事先准备好的容器里，准备回去检查土质；又折了几小片叶子，同样带回去化验。

正干得起劲，一个农民喊住了他们，这让他们有些紧张。但没想到的是，这个农民伯伯很和蔼，亲切地问他们来干什么。

小六和小元有些犹豫，但小九已经把事情一五一十地说了出来（啊，这充分地表现了这货不仅藏不住事，而且还不会撒谎的本质）。本以为农民伯伯一定会制止他们，但结果很是出人意料。

首先，农民伯伯听了他们的名字，变得很是激动，如同追星的年轻人见到了崇拜已久的偶像一样，两眼闪闪发光。其次，当他们提出要拿土壤和菜叶回去化验一下时，农民伯伯也没有反对。最后他们要走时，伯伯竟拿出了个笔记本，热切地要他们的签名。

他们实在忍不住好奇心，询问伯伯究竟是怎么一回事。伯伯笑道："哎呀，你们三位的大名可是如雷贯耳，你们的各种演讲和报告可是让俺们受益匪浅啊。"于是这三人更来了兴趣，蹲下来听伯伯讲故事。

"俺们这个村专门种韭菜，以前是不用农药的，大家伙都实诚着哪！可是后来来了几个搞科研研究的人，说用农药能让俺们的韭菜长得还好。而且他们自己也买了一块地，用农药种地。种出来那菜看着就好！

"乡亲们本来还不相信哪！一看这用了农药还就是好哩。那大家伙就都用农药了。但是我们也有些韭菜留着自己吃，发现这东西害人哪！轻的头疼、恶心，重的喘不上气，大小便失禁！如果继续吃，肯定会死人了！而且本来这里的环境很好，野生动物很多，因为误食农药，数量急剧减少。本来鸟语花香的村庄变得死气沉沉。我们去找一开始怂恿我们的人理论，他们却振振有词，说这有什么关系，不自己吃就行了，还说我们剂量用得太少，不管用。虽然他们这样说了，但大部分人良心未泯，并没有继续使用农药。可是还有少部分人昧着良心去害人！自己不吃自己种的韭菜，但是卖给别人。简直是禽兽啊！"说到这里，小九认同地点点头。

"再后来，他们卖出去的韭菜运出去又送回了我们这里，他们不知道，去买哩，当然是自食其果。可我们这些吃自己种的韭菜的村民，一点事都没有，这就是报应哪！"

小九听得津津有味，完全忘了此行的目的，像一个听故事的小孩，急忙催促道："那然后呢？"

伯伯又笑："然后啊，我们就听了你们的各种演讲，深刻知道了农药的危害。以后啊，就再也没人使用农药了。不信，你们可以去化验化验。”

小元笑了笑，不知道农民伯伯要是知道他们崇拜的三位大英雄就是他们曾经祸害的韭菜和兔子，心里会做何感想。

不管怎么说，三人听得很满足，回去化验的结果各个指标也均是正常，于是，实地勘察正式落下圆满的帷幕。

而这次成功的勘查，也让他们呼吁人们“保证蔬菜安全”的决心更上了一层楼。

# 后 记

## 创作的艰难与完成的喜悦

刘逢元

在一个懵懂无知的年纪，我得到了一份特殊的任务：以环境保护为素材，完成一篇小说。初闻这个消息，不知该喜悦还是紧张——是因能实现白日梦的喜悦，还是对于从未做过的事的紧张。但不久就自信起来了，认为这么简单的事情一定难不倒我的。但没想到平时想来简单的事做起来竟是这么难：且不说思路必须清晰，情节要吸引人，环保科普知识要正确，单单是改动一小处就必须改变后面一大堆，就够我头疼的了。这东西可不比写作文，不满意可以尽情改。在经过一次又一次的经验教训后，我终于意识到：此物必须从大处着眼，细枝末节反而不那么重要。领悟到真谛的我如有神助，很快地想出了大体思路，并在之后慢慢修改。

经过一次又一次的改动、删刈，最终完成了作品。简直让人热泪盈眶啊！但通过这次锻炼，我明白了干好每件事都是不易的，也增强了我的写作兴趣，再写小作文简直易如反掌，从此也更加努力地对待珍贵的机会。

2014年3月28日

# 最后一条鲑鱼

作者：孟　航

插画：肖惠盈

## 作者简介

我叫孟航，还不到12岁，是寿光世纪学校六年级学生。我喜欢读曹文轩、安武林、许友彬的书，喜欢拉小提琴和弹钢琴，还喜欢各项运动，我的200米跑步总是差一秒破校纪录。课余时间做绿色公益，曾跟着“绿鸽”环保社团去内蒙古、西安等地参与各种实践活动。对了，我还是全国百名“生态小达人”之一呢。

## 画者简介

刚出生的我，什么都不懂的我，还是咿呀学语的时候，不懂什么是画画。

12岁的我，向着梦想努力的我，还是一个稚嫩的小草，画画上还有许多不足，当然，我会奋斗！我在山东寿光世纪学校六年级就读。

我叫肖惠盈。

作品：《最后一条鲑鱼》。

# 一　遭遇不幸

加拿大北部有一条河，名字叫育空河，至于名字的由来，我也不晓得，大概是老祖宗传下来的吧。初秋的河面上，波光粼粼，不时有树叶落下，贪吃的小鱼以为是食物，会跳起来捉弄一番。有时一群鸟儿飞过，有些爱美的鸟儿会对着河面跟镜子里的自己说说话。

吉米和迈克是两条非常要好的鲑鱼，在育空河出生已经很久了，根据惯例要随着大鱼群去海里历练自己，但他们稚嫩得很，只顾贪玩，刚出发不久，吉米和迈克就脱离了大部队……

"快，快点过来！要不然你要被撞死了！"吉米说。

迈克挠挠脑袋，无语。

"快点啊！"吉米着急了。

"吉米，你有没有发现危险?"迈克一反常态，居然很沉稳。

"哪儿?"

"看见焚天左侧了吗?"迈克说。

"看见了，不就是一块石头吗? 可是，看那块石头干什么?"吉米一脸糊涂。

"再往左看看，发现了什么?"迈克更加着急了。

"嗯……有一个洞，怎么了? 难道你想从洞里穿过去吗?"吉米不解。

"当然！不信吗?"迈克很自信。

"不行！你会死掉的！"吉米急得要命。

迈克仍向前游去，他眯着眼睛，紧盯着洞口，没理睬吉米。

"快，过来吧，快点！"吉米吼道。

"可是，如果从大拐角走的话，就很有可能被熊抓住吃掉。还有，就算我们是一支庞大的鱼群，最多能过去十几条。而焚天那边又没熊，所以……我们还是冒冒险从这儿走吧。"迈克坚持说。

"好吧，这一次就听你的。"吉米也担心，但有点不服气。

“谢谢吉米！”迈克觉得好像是生平第一次如此激动，用他精确的判断说动了吉米。

“不过，下一次就要听我的了！”吉米似乎仍然是老大。

“好吧！”

两个调皮蛋聊得已经很小心，可就是这样机密的对话，竟然也被焚天听到了。在吉米和迈克眼里，焚天可不是什么好鱼。

焚天狡黠地骨碌着眼珠子，想：“反正从其他地方游不过去，还不如……嘿嘿！”焚天边想边往洞的方向游去。突然，他加快了速度，冲向了洞口。那速度之快，对他来说仿佛是一个新的开始，一个生命的新开始，他感觉自己像一个绝美的使者，正迈着悠扬的步伐走进了那个只属于他的神圣的殿堂。

吉米发现了，迈克也发现了。当然，棕熊也发现了。

迈克悄悄地对吉米说：“现在我们先别游，放慢速度，静观其变。”

“好！”吉米回答。

这回轮到棕熊感慨了，“我说以前怎么吃都吃不饱？唉，馋死我了，早点发现这条大鱼该多好啊！”

他们后悔莫及。

棕熊朝焚天那边走去。

吉米着急地问迈克：“现在怎么办？马上就要撞上了啊！”

“嗐，棕熊已经离开了，我们不用从那个洞过去了，直接从大拐角的瀑布游过去不就行了？”

“对啊！我怎么没有想到呢！”

“这还要归功于焚天哦！快过去吧。”

“走!”

“走!”

焚天撞了个头破血流，又被一只棕熊追了大约100米，狼狈逃窜，最后好歹保住了性命。所以，他一直对吉米和迈克怀恨在心，如果没有他们两个的误导，就没有现在棕熊的追杀。

他发誓要一雪前耻!

吉米和迈克只想快点离开危险之地，匆忙中竟然走散了。

当迈克一回头，发现吉米不见了！他焦急万分，于是赶上鱼群的长老说：“长老，我想在这儿等吉米。”

“这里是沼泽，如果你在这里过夜，是非常危险的。另外，天敌还会时不时地出现。我在鱼群的例会中讲过，我身体左侧的伤疤就是在这儿留下的。”长老叹了口气，继续说，“那次真的倒霉，现在想起来都有些害怕，有一只白头海雕想抓我，我就拼命地游，一直游到一块巨石底下，白头翁也正好俯冲下来，对着我的脊背就是一口，我立马感到像刀绞一般的痛，眼前突然一黑，昏过去了。好在有众多朋友的帮助，我才死里逃生。从此，我这儿就永久地留下了大伤疤。”长老一边给迈克看，一边回忆着那惊险的一幕，觉得有必要警告迈克。

但迈克非常坚定，长老再一次担心地说：“不行！迈克，不要蛮干，你肯定会被吃掉的!”

“可是……”

“不行就是不行!”长老担忧地吼道，他用力挥动着侧鳍。

“可是……吉米是我的好朋友，现在他遇到危险，我不能不管他!”迈克呜呜地哭了，哭声引来了好多小鱼伙伴，他们劝迈克不要哭，还陪着迈克一起掉眼泪。

“那好吧，你在这里等吉米，如果等到晚上吉米还不来的话，你就跟上大部队。好不好?”长老被他们的友谊深深感动，给了迈克一个拥抱。

“好吧，谢谢长老，我会好好照顾自己的。”说着，迈克停止了哭泣，他坐在一块岩石上，向鱼群告别。

“你要多加小心啊!”长老还是不放心，“别忘了，到了晚上，无论他是否到达这里，你一定要走！听到了吗?”

迈克点点头，但实际上根本没有听进长老的话，他只管焦急地抻着脖子，盯着前方，回忆跟吉米在一起的美好时光，他都不敢眨眼睛，生怕错过吉米忽然出现的身影。

“唉。”长老叹息了一声，无可奈何地告诉鱼群，“我们先走吧。”他回过头来望着着迈克的背影，想再劝说几句，但他了解吉米的倔强性格，只好转身离开了。

## 二　熊口脱险

原来，焚天嫉恨吉米，他想用狠毒的手段报复吉米。瘦小的吉米本来迷了路，晕头转向的，又敌不过焚天的追击，毫无防备之力的他终于被抓住了。焚天这回得意了，随手捞起河里一段废弃的绳索，把他结结实实地绑在一块大石头上，他以为这样很快就能把吉米困死，便没再加防护地走了。

第二天，焚天装作若无其事的样子往鱼群的方向赶，在路上碰上了迈克。狡猾的焚天很快联想到被捆着的吉米。他想：“迈克是吉米的好朋友，会不会前去营救吉米呢？”不行！我得回去再加一层“防护”，便飞快地往捆绑吉米的石头游去。

一直在寻找吉米的迈克发现了焚天的鬼鬼祟祟，他感到奇怪：从昨天到现在一直没看见焚天，会不会吉米的失踪跟他有关系？于是，他马上跟踪焚天。

狡猾的焚天这时已经游到吉米身旁，发现吉米真的“死了”，便放心了，头也不回地走了。

迈克跟踪着焚天，终于看见了吉米，他发现吉米蜷缩着身子躺着一动不动，以为吉米死了，眼泪唰地流下来，咧开大嘴刚要放声大哭，吉米却睁开了眼，但眼皮好像千斤重，他用微弱的声音，问：“是迈克吗？现在是什么情况？”

迈克大吃一惊，“你还活着?!”

吉米知道焚天没有走远，怕再遭伤害，就示意先让迈克大声哭。

焚天原以为吉米死了，刚游到拐角处，他无意中听到了迈克的声音，就对自己的聪明有所怀疑，“对啊，吉米哪能那么容易死啊?”刚要往回游，又听见迈克说：“完了完了，苍天啊，我最近想吉米想得都出现幻觉了！他明明死了，我怎么看着他活了啊？完了完了……”说完之后，又听到他撕心裂肺的号哭。

焚天终于相信了吉米死亡的事实，转身离去。

“焚天……走了没?”过了一会儿，吉米小心地问。

“走了！吉米，你怎么样?”迈克小心地回头看看说。

“迈克，先把我扶起来吧。”

迈克使出吃奶的劲儿，使劲把他拽起来。

“啊！疼……疼……疼。”吉米呲牙咧嘴。

“嘘！你小声点，焚天有可能还没走呢。”迈克吓得赶忙制止吉米。

“啊哦，真得很疼。”吉米无力地垂着脑袋。

“焚天也太坏了，把你弄成这样！”迈克气愤地说。

此刻的焚天在前面的鱼群里轻松地走着，好像什么事都没有发生似的。“啊——嚏!”焚天打了个响亮的喷嚏，自言自语道，“怎么回事？难道吉米在诅咒我？唉，还是再回去给他收尸吧!”说着，他开始往回走。

“吉米，有人来了！嗯？好像是焚天，我们快走吧!”迈克扶着受伤的吉米赶紧绕道离开了是非之地。

焚天游到原来的大石头附近一看，“什么？走了！我竟然被耍了！一定是迈克干的。啊啊啊！我要报仇!”说着，他开始发泄，突然加速，撞向一块石头，吉米和迈克立即听到焚天的一声惨叫。

“啊，啊，疼死我了，可恶的石头，你竟然也与我作对！”说着他又往石头上撞了一下，前些日子被棕熊咬过的伤疤又被他撞破了。随即，吉米和迈克再次听到焚天的一声惨叫。

迈克不再听他的狂野乱吼，扶着吉米，说：“快，我们快走！”

焚天的血咕嘟咕嘟地从头上流出来，疼痛不说，更坏的结果是，血腥的味道被一只棕熊闻到了，这只棕熊很快就追了过来。

焚天这次真的怕了，他拼了命地游，游啊游啊。由于用力又把刚才发泄的伤口再次撕裂，他也顾不得疼。他渐渐无力，甩不开棕熊了，此刻是多么希望有人来救他，哪怕是吉米或迈克，但是谁能听到这心狠手辣的家伙的呼救呢?

焚天这下是得报应了。他终于没有逃掉，被一直伺机寻食的饥饿的棕熊一口吃掉了，没有一丝挣扎。

“吉米，快逃吧！要不然我们也会被熊吃掉的。”迈克很担心棕熊会尾随而来，他着急地说。

吉米和迈克很快躲进了一个布满水草的地方，里面有许多杂乱的大石头，是很好的避风港。他们一直等到棕熊离开，才悄悄地游出来。

吉米和迈克逃离了熊口，刚想舒一口气，但又遇到了麻烦。

什么麻烦？请听下回分解。

## 三 发现新大陆

当吉米和迈克走到一个岔路口时，不知往哪个方向走，再三考虑后，迈克和吉米选择了左边的一条路，因为他们发现左边的芦苇都倾斜了，估计大部队是从这里走的。但是，事实上长老和鱼群走的是右边的一条路，这些痕迹是一些棕熊造成的。

他们在不知不觉地向死亡靠近。

天色已经黑下来了，周围静静的，除了芦苇随风飘荡的声音。

长老和鱼群一直在等待，没有发现迈克回来。长老有些担心了，他带领了六个小兵返回分开的地方。往前走一会儿，便到了岔路口，长老想：会不会迈克走了岔路？于是他更加担心，他先让一条脸上长着3个斑点的鱼去前面看看有没有迈克，然后又率领剩下的那5条鱼在岔路口附近查看。不时有小兵回来报告，说他们发现了大批棕熊的脚印，还发现芦苇中间还有一条很窄的道，两侧的芦苇成“V”形。长老跟上去仔细探查，用他警惕的眼睛一看，就知道肯定有鱼从这儿经过，他顿时感到毛骨悚然。

长老刚想派另一个小兵进去探个究竟，不想，前头查看的那条脸上长着3个斑点的鱼很快返回来，他有些慌张地说：“报告长老，暂时没有发现迈克，但是发现了大量血迹。”长老觉得很悲伤，眼泪直流，以他几十年的“鱼生”经验，判定吉米和迈克真的死去了。

但是吉米和迈克呢？真的遭遇不幸了吗？没有的话，他们又去了哪里？长老和整个鱼群都感到不踏实。

很快，一个小兵回来，说发现了一条好似无穷无尽的路，直通岔路口的尽头。于是长老和随后的鱼组成了一支巡逻队，脸上长着3个斑点的鱼则去鱼群总部报告情况，通知大部队及时赶去现场，以解危机。

吉米和迈克不知道长老和鱼群在找他们，总以为那只棕熊一直跟在他们的后面，感到害怕，就继续游啊，游啊，一直到达一个神秘的洞，洞口很小，周围水草很高。此时，他们已经无处可躲，只好硬着头皮游进去。

进去不多远却发现洞在变大，并有绿莹莹、蓝莹莹的光，好像有些生机，他们感到很奇怪，就大着胆子继续往前游。

一会儿，他们在洞中发现了另一个洞，他们考虑这可能是内洞，但那里面是黑乎乎的一片。不时会有“嗖嗖”的声音，吉米和迈克都很害怕，但此时已进退两难。

他们停下了脚步。勇敢的迈克说：“我先去里面查看一下，如果可以进去的话，我马上会回来。如果在5分钟之内出不来，那你就快跑。明白？”

“明白！”

迈克走时又叮嘱了吉米一句，让他先躲到一块巨石后面，以防天敌。很快迈克就进去了。

迈克进去后发生了生么事？请看下回分解。

## 四 大海历练

大约3分钟之后，吉米听到迈克的大叫声："啊——吉米，快来看啊！这里有这么多的发光的石头！太不可思议了！"

吉米闻讯赶来，同样也发出了像迈克一样的感慨，"奇怪啊，真是太美了！"

原来，他们看到的是钻石，金光闪闪，眼睛被耀得睁不开，吉米四下打量了一下，看到在洞里的石壁上全是钻石，单单留下了这样一条小路。

他们正在感慨的时候，一只熊追了过来，原来他闻到了鱼的味道。机灵的迈克发现了棕熊，就拉着吉米躲在岩石后。

吉米本来身体虚弱，这下更累了，说："迈克，我们走吧，总藏在这里也不是办法啊。"

"再等一等，等棕熊离开的时候，我们就出去。"

那只棕熊似乎听到了吉米和迈克的谈话，索性站在洞口不走了，瞪着眼睛伺机抓住他们。

吉米看到棕熊不来追他们，就起了疑心，他向迈克说："怎么回事？怎么熊不来抓我们了？会不会被他看穿了？"

"有可能。"

"那现在我们怎么办？"

"嗯……现在就只能往里面走了。"

"可是里面极有可能是死胡同啊！万一我们刚进去，熊就追来堵住我们怎么办？"

"那总比这样好吧？"

"说得有理。"

"我们最好快点，要不然熊追上来就惨了。"

吉米和迈克游进了内洞。他们就一直往前游，游啊游，游啊游，终于游到了尽头。但是，这个洞的尽头是令他们失望的——没有出路。

他们当然很失望。这时，迈克好像在找什么。

“吉米，你有没有发现这块石头旁边有个小洞，里面会不会是世外桃源?”说着，迈克开始激动起来。

“我又不是神，我怎么知道?”吉米耷拉着脑袋。

“那我们进去一探究竟，总比这样待着好吧?”

刚进去，他们就闻到了强烈的咸味。

“什么情况?”他俩同时喊了起来。原来内洞连着大海，实际上是他们发现了通向大海的一条捷径。哇，太棒了，真是绝处逢生啊!

眼前大亮，天空高远。大海用汹涌的波涛召唤着他们，呼哧呼哧地吐着白沫给他们送来礼物，好像大海一直在等着这些勇敢者们的到来。

意外地游到了大海，他们非常高兴。他们玩得悠闲自在，戏水、寻找食物，在海草间蹿来蹿去，两个伙伴几乎忘了大部队的事情。

直到长老和其他鱼群发现了多日失踪的他们。

“吉米，你没死啊!”长老喜欢竹筒倒豆子——有话直说。

“长老，别这样，吉米活着不是很好吗?”迈克拉长了脸。

“是啊，我们一直在找你们，可到底是怎么回事啊?”长老满脸激动，但觉得莫名其妙。

吉米把来龙去脉向长老说了一遍。

“焚天真是可恶啊!”长老咬牙切齿地说。

长老气得头都要炸了，刚要发怒，恰在这时，危险的事情发生了。头顶上有一群黑压压的大鸟俯击过来，原来是鲑鱼的天敌——白头海雕来了，他们的“白色头盔”非常耀眼，看到鱼群便毫不客气，一只白头海雕直接用尖尖的嘴巴插进长老的身体，其实他们盯了鱼群很久了。另一只用展开的两米长的巨翅激起海浪，追赶鱼群，一时间鱼群惊慌失措，纷纷逃离，没到几秒钟就有3个伙伴被吃掉了。长老见势不妙，迅速逃开，忍着剧痛，拖着流血的身子坚持指挥鱼群撤离。

还好，几经奋战，鱼群终于撤到安全的地方，一时间却炸开了锅。

张三："长老去哪儿了?"

李四："不会被白头海雕吃了吧?"

猴七："不可能!"

马八："还有可能把白头海雕给抓来让我们吃呢。"

……

大家议论纷纷，之后，决定请一条最厉害的鱼去查看，可是到底请谁？讨论来讨论去，有的说吉米，有的说马八，还有的说迈克，更有的说焚天（他们还不知道焚天已经死了）……脸上长着3个斑点的鱼怕得缩在了后面，小声嘟囔着说："该谁去就谁去，别叫我就好。"最后，大家决定让聪明、勇敢的迈克去看一看。

迈克返回与白头海雕激战的地方，没有发现长老的身影，迈克就有点担心了，他转了几个圈，找了半个小时，的确没有发现长老。"长老会不会出事了?"他又找了很久，仍然一无所获，他更担心了，可他不相信这个事实，他的心里就只有只一个念头：找到长老！必须找到长老!

突然，他抬头发现了最初的那只白头海雕，迈克想赶快离开，但还是被发现了，白头海雕迅速俯冲过来想吃掉迈克，不难看出就是他吃掉了长老。迈克气愤极了——我要替长老报仇！迈克游到一块岩石的上方，他等白头海雕冲过来的时候再一闪……哼！然后……就可以报仇了。

那只白头海雕似乎看出了迈克的阴谋，马上改变了计划，打消了直接冲过去抓住迈克的想法。可是，迈克突然躲在了一块石头旁边，白头海雕马上冲过去想抓住他。

聪明的迈克早看出了他的预谋。白头海雕往下一冲，迈克就一闪，狡猾的白头海雕有防备，他没有被岩石卡住。迈克继续与他周旋。迈克游到了岩石中间，白头海雕看见迈克就在眼前，一着急，竟然忘了自己的策略，以最快的速度冲过去。迈克回头一看，他要上圈套了，就把头往上抬了45度，用力一缩身，嗖的一下"飞"了出去，可是后边的白头海雕，由于惯性太大，直接撞在了石头上。他的嘴巴被大石头卡住了。拔一下，没拔出来，再拔一下，还没拔出来，等他再拔第三下的时候，听到了猴七那尖尖的声音："老白头——你跑不了啦!"原来鱼群已经全面埋伏好了。

迈克大声说："就是他吃了我们的长老，我们一定要为长老报仇啊!!"

大家附和道："对，一定要报仇!"

说着，鱼群就游到了白头海雕的旁边，开始进攻。他们有的用头撞，有的直接用嘴咬，一会儿白头海雕就遍体鳞伤了，最后被围攻致死。有的鱼还不解恨，使劲用头撞击已经死了的白头海雕。

大家还在愤怒着，吉米突然发现了一条大白鲨，"哇哇……快，快跑，有鲨鱼来了，快!"

听见吉米的警告，大家迅速散开，鲨鱼扑了个空，但他发现这只死的白头海雕，他想："死的总比活的好追。再说了，鲑鱼也没这么多肉。"便放弃追鱼群，开始狼吞虎咽地吃起了白头海雕。

鱼群急需长老!

白天，他们在讨论让谁做长老。经过热烈的讨论之后，大家一致决定选举迈克做长老。推选不用多少时间，迈克也不能推辞，负有责任的他肩负着巨大的使命承接了长老的职位。

有了新长老的鱼群继续赶路。

晚上，由迈克长老决定在一个很隐蔽的地方休息。然而一声声凄厉的惨叫让他寝食不安。

到底什么事呢？且听下回分解。

## 五　寻找真相

奇怪的是，鱼群里每天都能听到鱼的惨叫声。终于有一天，迈克忍不住了，他追上另一个鱼群想去问个究竟，还没等问，迈克就吃了一惊———这条鱼全身都化脓了，他问："兄弟，这是怎么回事啊？你的身体怎么这样了？"

那只鱼叹息了一声，"唉，海上总是有轮船和潜艇经过，一开始我们以为那是件好事，毕竟我们没见过大轮船，可……可谁知道，以后每当轮船经过的时候，都会往大海里扔一些垃圾；这还不说，还扔一些化学试剂，标签上贴着骷髅头的DDT农药。唉，可惨了我们鱼喽……"说着说着，那条鱼无助地大哭起来。

迈克说："我说怎么总听到惨叫！嗯，确实挺可恶，可是你们为什么不反攻？"

"你以为呢？他们那么厉害！有一次据说什么军事演习，发出来一个像你这么大的东西，一发射过来就炸死了400多个朋友!"

"那么厉害!"迈克刚听他说完就吓得差点瘫了。

"怎么？你问这个，你还想去阻止人类吗？"全身化脓的鱼努力地瞪大了眼。

"刚开始有那种想法，可是，后来听你一说……我还没有办法。"

"如果你想去阻止他们，我就告诉你一个秘密。"

"什么秘密？"吉米想知道，他是好奇的，他总是想知道任何秘密，或许是因为他的名字有点像"机密"。

"除非……你们帮助我们。"

"怎么才算帮助你们？"

"破坏5艘潜艇和10艘轮船!"

迈克再一次瘫了。

还没等他说"不行"的时候，吉米就替他答应了，迈克刚要反对，吉米使劲地囧着鼻子说："别忘了，你还欠我一个人情。"吉米想起了最初选择方向的一幕。

"好了，到底是什么秘密？"吉米问化脓的鱼。

"他们人类怕吃到脏东西，比如像我这样的鱼，吃了之后他们就会生病，生病一周之后就会死亡，潜艇上的人全死了之后，潜艇就会下沉，然后，一艘潜艇就报废了。"

"原来是这样啊，迈克，我们试试吧!"吉米看到了希望。

"可是这样很危险啊！再说了，你的伤口还没好，很容易感染，感染了就很容易死啊!"

“不一定啊！还有可能他们先死了呢。”

迈克又想了想：“那好吧。”

迈克立即召开紧急会议，因为激动，胸脯一起一伏的，脸都涨红了。他发表了演说：“尊敬的各位部下，感谢你们推我做长老，恐怕一场战争要开始了，我们要做一件善事，为了挽救海洋朋友的性命。这是一项伟大的事情，如果成功，我们就可以继续存活；如果失败，会和海洋里的生灵全部灭绝！”迈克说到这儿，稍微停顿，鱼群已经摩拳擦掌。

“你们想不想挑战？”迈克很坚决。

“想！”鱼群为了生存，都拼了命地喊，没有任何思考。其实迈克的人脉很好，鱼群里难得有这么个大当家的。

大家献计献策，一场秘密预谋即将上演。

到了晚上，海面上漆黑一片，远处仅有来往船只的余光映在波涛汹涌的海上。

鱼群在迈克的指挥下，开始了秘密反击。

战斗还没开始，鱼群就遇上了“灾难”——一只巨大的白鲨盯上了鱼群！鱼群惊恐万状。

他到底想对鱼群干什么呢？请看下回分解。

## 六　海底大战

鱼群有些担心，以为那只大白鲨要吃掉他们，就加快了速度前行。没想到那只大白鲨慢慢地追上来，拦在前面，大声说：“喂，你们要干吗去？”

鱼群没有反应，继续从一侧绕行。

过了一会儿，鲨鱼又追上了，他说：“你们快点回答我啊！这几天被人类排放的污水呛得我难受，整天呕吐，你们还不理我，小心我会吃掉你们！”

迈克斗胆一想，“为什么不联合鲨鱼呢？如果他同意，我们的队伍不就壮大了吗？”于是挺身而出，跟白鲨谈判：

“鲨鱼兄，您是海洋的霸王，一直以威武著称。”

鲨鱼感到心里热乎乎的。迈克接着说：“我们都是海洋大家庭的弟兄，而今，大家面临一样的生存挑战。如果心能往一处想，一起拯救海洋的话，会是一件公益大事，你我的家族都可以活得自自在在。老兄，你看呢？”

大白鲨其实早就受够了海洋的污染，早上不小心吃了一大块塑料，现在还缠在胃里，搞得一团糟呢。于是一拍大肚子，说：“如果你们真是去阻止人类的话，也算我一个！”

鱼群惊呆了，他一个堂堂的海洋霸王竟然能加入我们？不是在开玩笑吧？

“行不行啊？”大白鲨急了，打了一个嗝，满嘴都是臭垃圾的味道。他耷拉着眼皮说，“别看我比你们大，但已经找不到容身之地了，我时常感到呼吸困难，伙伴们的游乐场都被废物、垃圾填埋了。有一次，我们在玩捉迷藏，有股热乎乎的水咕嘟咕嘟地从我屁股底下喷了出来，我以为是俺们家族新添了娱乐设施，刚要高兴，抹了一把一闻，吓了一掉，是黏糊糊、酸不拉叽的液体，这就是传说中人类工厂的排污口。你说，俺们这日子还能过吗？我记得中国的一个朋友跟我说过，长江里的鱼王、活化石‘中华鲟’因为污染而眼睛失明，甚至遭遇濒临灭绝的悲剧。我堂堂大鲨鱼可不想瞎眼，等有机会，我还要和伙伴们周游世界呢！”

可不，大白鲨说的是实情，不止是海洋，河湖中也同样聚集着人为的污染物，不仅种类多、数量大，而且危害深远，很多生灵面临着生命威胁。

“原来如此，是生存环境把我们联系在了一起哦。当然——可以。”迈克这下显得很有绅士风度，大家志同道合。

“谢谢。如果我可以的话，那他们行吗？”说着，那头大白鲨高兴了，用尾巴搧起一团水花，回头指了指身后。

谁晓得后面还有一群大白鲨在待命呢，数量大约有15条，其中就有那头吃死白头海雕的白鲨，吉米认得。他们个个攒足了劲，像马上要冲锋陷阵似的，整个队伍浩浩荡荡，煞是壮观。

吉米看呆了，“太好了！”还没跟迈克商量就说，“欢迎各位，欢迎各位！”

迈克似乎还有疑虑，把吉米叫到一边，说：“你难道就不怕他们？他们可是一发脾气，不需百分之一口就能把我们整个鱼群吃掉啊！”

“唉，这你就错了，现在人类把海洋糟蹋成什么样了？海洋都是巨大的垃圾场了，在我们家乡西侧的太平洋里，有一个超大面积的近千平方米的垃圾场，人类恣意丢弃废物、排放污水，垃圾堆积成山，已经严重威胁着我们的身体健康。唉，不但有这些，还有农药、纸浆厂、军事基地等污染了我们的家园。如果他们不参与反攻，过不了几天就会像我们的伙伴一样——全身化脓。你不记得那次游泳的时候，我们的身体被红色、绿色、蓝色的藻类裹了起来，一开始你还以为什么好玩的呢，后来咱们才知道是人们传说中的赤潮，害得我们差点丧命。”吉米很有学问，深有感触。

迈克说：“对了，亏你提醒，我还记得从鱼爷爷的专著里看过赤潮的介绍，形成赤潮的一个极其重要的因素是海洋污染，大量含有各种含氮有机物的废污水排入海水中，促使海水富营养化，这是赤潮藻类能够大量繁殖的重要物质基础。海洋浮游藻是引发赤潮的主要生物，在全世界4000多种海洋浮游藻中有260多种能形成赤潮，其中有70多种能产生毒素。他们分泌的毒素有些可直接导致海洋生物大量死亡。”

“对对！你看我们的处境非常困难，还有人类流行吃鱼翅，手段极其残忍，抓到我们就用锋利的刀子把鱼翅割下来，再把我们扔到海底，鲨鱼家族里已经有好多弟兄都活生生地疼死了。说不定下一秒我们就会被抓。”大白鲨几乎呜咽了。

“那可就惨了！快……快让他们加入吧！”吉米经历了很多磨难，已经变得成熟。

吉米见迈克还有点犹豫，就说：“再说了，让他们加入不是更利于我们的秘密计划吗？”

“可是……”一向豪爽的迈克居然再一次优柔寡断起来。

“你别再可是了，再可是我们的计划就完不成了！”吉米愤怒地说。

迈克在吉米面前感到底气不足了，觉得吉米说得有道理。于是，猛地转过身问对鲨鱼们：“你们真的想加入我们吗？”

“是啊！君子无戏言！俗话说得好：人多好干活嘛。”

“加入是可以的，但是，你们必须听我们的。”迈克变得冷静、沉着起来。

“没问题！我们一定会听你们的！”鲨鱼群附和起来。

“我一会儿给你们每人安排一定的职位。”

“行！能让我们加入就是我们的荣幸，别说还给我们安排职位了！”鲨鱼群本来就非常高兴，逐一被安上职位，大家都乐得合不拢嘴了，分工合作嘛。

这时，鲨鱼群的长老说：“我们现在就去进攻吧！”

迈克沉思了一会儿，“现在去还不行，等我们修改好方案，不打无准备之战！”

“言之有理，那我们现在想办法吧。”

“嗯，谁有最可靠的情报？”

“我有！”

“说！”

脸上有3个斑点的鲑鱼抢先说：“报告长老，据我观察，每艘潜艇底部都有一个排污口，我们可以从那边进去。进去之后，我们让一群被他们污染的鱼，游到他们的水道内，挤出脓水，脓水里有强烈的病毒、细菌，应该能把他们毒死。”

“哦？轮船里有水么？你打算怎么排毒啊？”吉米表示疑问。

“这……我倒没想好。”他脸红了，脸上的斑点更明显了。

“好，有想法就不错，你再考虑考虑好吗？谁还有好方法？”迈克很有度量。

这时，鲨鱼群的长老说话了，“我有一个。”

“说。”

“在说之前，我能先请教你一个问题吗？”鲨鱼长老好像城府很深。

“你说！”

“人类不能在水中呼吸，对吗？”

“嗯……大概是吧。”迈克有点模糊。

“那就好说了，你可以派几条鲨鱼去撞开潜艇的玻璃，海水进去了，人类应该就能被海水淹死。”

“嗯，好办法，这是你们鲨鱼的方案，我们鲑鱼的方案还有没有补充？”

“这……还需要一点时间。”军事组的伙计们一时没拿定主意。

“那大家先回去休息吧，明天再讨论。”迈克显得有点失望。

“长老，我有。”这时，在一旁的吉米说话了。

“说来听听。”

“我也发现了一个可以突破的地方。”

“哪里？”

“人类喝的水源。”

“是吗？”

“对，由于人类不科学用水，淡水资源远远不够，现在喝的都是由高技术处理的淡化的海水。我们可以从这个角度下手，破坏水源，让他们不能喝水。我听鱼姥姥说过，人类的成年人身体的70%是水，儿童身体的80%是水，一旦离开了水，不几天他们就完蛋了！”吉米狠狠地说。

“好，我们把大家的方案集中起来，有对付潜艇的，有排毒的，一起下手！从今晚到明天的白天休息，攒足兵力，晚上就兵分两路，攻击人类！”

一眨眼的工夫，攻击的时间就到了，迈克组织了10条被污染的伤痕累累的鱼，到了人类的饮水区域，进去之后就开始从身体上挤毒。要知道，这些鱼是非常痛苦的，但是，他们幻想着迈克长老战略成功后的喜悦，知道自己已经没有多少时间了，都争着为鱼群做出一点贡献，为救伙伴们，即使付出生命也在所不惜。

毒液流到附近的水域，碰巧潜艇里一个人正在喝过滤的水。毒液就顺着过滤器进入了人类的水库里，污染了饮用水源。有几条鱼努力地挤着，挤着，竟然挤出血来了，因为他们实在是太想为鱼群做贡献了。

“好了，众位弟兄，你们回去休息吧，这里就交给鲨鱼了。”长老迈克及时调控局势。

“是！”

再说鲨鱼群那边的情况。

鲨鱼一行16条，负责去撞潜艇，集体的力量不可阻挡，不费吹灰之力就撞烂了两艘潜艇，人类哪能抵挡鲨鱼群的轰击？里面的人没有一个生还，全被淹死了。

就这样人鱼大战了三天，吉米发现又有2艘潜艇来了。他们商量用老办法摧毁人类，但是，意想不到的事情发生了。

他们晚上刚游到了潜艇的底部，只听“轰”的一声，在前边开路的先锋队

100条鱼全部被炸死了。迈克很伤心，吉米喊：“马上撤退！快！”他转身又对迈克说，“我们快走吧，再不走就要全军覆灭了！”

吉米和迈克游到了安全境地，但迈克的心思始终在那先锋队100条鱼身上，始终在那被炸死的100条鱼身上。

吉米看着迈克一天一天消瘦下去，开始担心起来：迈克可是大家的长老啊，他要是饿死了怎么办？不会被疾病感染了吧？难道……

吉米是迈克的好朋友、好军师，也有了一定的人脉。晚上，他把所有的鱼召集过来，开了一次研究大会。

他心急如焚，问：“谁知道迈克的病怎么能治好？知道的不管有没有用都重赏！谁知道？”

“我有一个建议，不知当讲不当讲。”

“说来听听。”

“哦，我认为迈克得的是痛病，很有可能是因为死去的先锋队同胞们。我想如果潜艇、轮船被摧毁，迈克就能得救。”

“说得有道理，你们大家同不同意？”

鱼群吵了又吵，最终，结论出来了：再次联合鲨鱼去摧毁潜艇和轮船！

说干就干，他们为了治好长老的病，似乎比以前更努力、更勇敢。他们摧毁了一艘又一艘潜艇和轮船。

终于发现就剩一艘轮船了，鱼群决定摧毁完那艘轮船之后再告诉迈克，他们把这件事告诉了吉米，吉米已经成为代理长老，他同意了，并告诉鱼群今晚行动。

吉米默默地对迈克说：“迈克长老，我的好朋友，今天晚上我要给你一个惊喜！”说完吉米转身就走。

迈克看了吉米一眼，说了一声：“吉米，我的好朋友，多保重！”就迷糊了过去。

多日的战斗和思虑让他很虚弱。

他万万没有想到今天是他最后一次看见吉米。

吉米到底怎么了？原来吉米他们去偷袭的时候被人类发现了，结果人类一阵乱射，射死了一半，吉米和剩下的一半在逃的时候被一个鱼雷炸死了。

过了一天，迈克见吉米还不回来，有点不放心，就派了一条鲨鱼去查看一下。那条鲨鱼，不，除了迈克，所有的鱼都知道吉米和那一群鱼死了。那条鲨鱼傻乎乎地向迈克说了实话。迈克马上就晕过去了，鲨鱼幸好有所防备，就怕迈克承受不了，所以，他在暗中安排了一条比较强壮的伙伴随同，见迈克晕过去，这条强壮的鲨鱼就以最快的速度冲了过去，给迈克按压心脏、做人工呼吸。

一会儿，迈克醒来了，他发现所有的兄弟都在焦急地望着他。现在，他好像明白发生了什么事。他沉默了，他想到了他和吉米的友情如山，吉米还是他的好军师，他还记得那天吉米带着鱼群走的时候，是那样的轻松、自在。迈克多么想看到他胜利的样子。可惜啊，迈克这一辈子是看不到了……

这时，军师对他说了："您先别伤心了，吉米是想让您的心病好起来才去摧毁潜艇的，如果您还不好，就太对不起吉米了。"

迈克沉思了一会儿，是啊，不能再沉湎于个人情感，必须要出马了！为了吉米，为了海洋同胞们，迈克立刻精神了起来，说："全体集合！通知所有的鱼集合！快！让他们全都来这儿！快！"

"是！"

过了一会儿，所有的鱼都来了，在迈克周围挤得水泄不通，好不容易才安静下来。

迈克一脸严肃地说："同胞们，我们付出的代价太大了，但是战争还没有结束，现在距离胜利还有这么一小步，请大家再坚持一下，想不想跟我再攻击一遍人类？"

鱼群这次沉默了非常长的时间，毕竟他们已经输了两次了，有的已经蔫了，说："不打了吧，再打我们就很有可能全军覆没。"

还有的说："打！你不打他们，人类就来要你的命，我们还不如拼一拼哪，也许还有胜率。如果像你们这样妥协的话，就只会等死。"

更有的说："跳瀑布吧，正好到了我们洄游的季节了，赶快逃到我们出生的河里，那里生存环境肯定还好，回到河里以后什么都不会有了。怎么样？"可怜的鱼类啊，不懂得人类早将河流污染透了，沿途的企业和生活垃圾已经将他们的出生地育空河搞得一蹋糊涂。

总之，说什么的都有。

又讨论了20分钟之后，或许是因为吉米的死，或许是因为迈克的命令，或许是因为鱼群兄弟之间的感情，鱼群决定听从迈克的命令，再攻打一次人类。

## 七　最后的进攻

迈克安排大伙先休息一天，补充能量，明天再进攻最后一艘轮船。

一眨眼就到了第二天，根据计划，迈克下令进攻。

就在这时，奇迹发生了，反击人类的队伍壮大了很多，原来鲑鱼、鲨鱼的义举感动了大家，海洋生灵们都来了。不仅是鱼类，还有海龟家族、河蚌家族、虾族、章鱼家族……都加入鱼群和鲨鱼群的大部队中，整个海洋生灵们联合起来，浩浩荡荡地向目标潜艇冲过去。

而轮船上的人类呢？由于几天不见鱼群，就放松了警惕。此时此刻，他们都在船舱里打麻将，猜拳行令，根本不知道他们的世界末日就要到了。

鱼群先排毒，迈克指挥鲨鱼群去撞击轮船。这次迈克在组织上出现了差错，当第一只鲨鱼撞上轮船的时候，由于他们太想报仇，撞的力度太大了，把人类都引来了。

“啊——鱼群来了！快用武器！快！”这次轮到人类歇斯底里了。

“是！长官！”

鲨鱼群继续撞，撞破了，还撞，直到把这艘轮船撞得烂乎乎，才听到迈克发话，“撤！”

鱼群撤离，大约撤走了20米，他们就听到穿上潜水服的人类说：“天下没有这等好事，杀了我们那么多伙伴，你们还想跑？没门！”鱼群继续游，没有一条鱼在意他们的咆哮。那些人穿上潜水服之后就下来了，紧追鱼群。他们边追边用毒气弹射击，被射着的鱼还没过2秒钟就死掉了。鲨鱼群的长老见势不妙，对鲨鱼们说：“兄弟们！我们上，保护小鱼群逃走！”

“是！”现在的鲨鱼变成了人类用机枪扫射、用毒气弹射击、用鱼雷轰炸都炸不死、射不死、毒不死的“勇士”。

迈克看到了鲨鱼群的合作，心里很感动，于是命令鱼群回身协助鲨鱼群，自己断后。这时的鲨鱼群已经吃了3个人，还剩5个人，很快，又有4个人被吃了，只剩下1个。这个家伙见鱼群和鲨鱼群都过来了，他想：“我肯定是死定了，不如，再拉上些‘陪葬品’。”想到这儿，又看到迈克的鱼群离自己很近了，就拉开了他的背包，从里面拿出一些鱼雷，撒在自己周围，接着，按下开关，引爆了那些炸弹。

“轰……轰……”随即，这里什么也没了，除了最后的迈克。

迈克醒来的时候，他发现周围死气沉沉的，以前的鱼群全没了，原来还有点发绿的海藻，现在已经变成完全的灰色了，周围一点其他海洋生灵都没有，整个海水都变浑浊了。

迈克感到非常痛苦，这里是人类的主宰地，不能在这儿生活了，得回到他出生时的育空河。

他想好了。

这天晚上，他游到前任长老死去的地方，他游到和吉米说“世外桃源”的地方，他游到焚天被棕熊吃掉的地方。

他躲开了棕熊，奋力跳过了瀑布，游向他出生的河流，游向他死亡的地方……

迈克，成为加拿大北部育空河里最后的一条鲑鱼，他历经了从河里到海里的磨炼，但最终没有逃离人类污染的虐待，他能否顺利到达出生的河流，答案也许肯定，也许否定，也许成为一个谜团，永远隐藏在这个濒临灭绝的复杂的生态圈中。

## 后　记

孟航

故事中伙伴之间小小的恩怨竟然用恶毒的手段解决，这是万万不该的。

我们见证了海洋生灵为保护自己的家园团结合作、奋力拼搏的感人场面，在环境恶化的今天，任何一个地球人都应该是环境保护的倡导者和践行者。

有很多人见过鲑鱼，它又叫三文鱼、大马哈鱼，为人类提供丰美的食物，但它的一生是悲壮的，因为它们在河的淡水环境中出生，必须转移到海里成长、锻炼，等成熟到一定时期，便会历经各种困难和危险，或逃离人类捕捞、熊口、白头海雕的魔爪，或以跳瀑布的形式，利用太阳和地球磁场的引导洄游到出生的地方繁殖后代，而自己很快就会死去，成为河里各种生命的营养。而今，因为人类造成的环境污染，让鲑鱼的生存成为更大的威胁……还有，最新报道说杀人鲸是地球上被污染最严重的野生动物，它们身上累积的化学污染物几乎全部来自鲑鱼。

人类活动造成的环境污染，加深了海洋生物的生存战争。如果这个世界上多一些尊重、宽容、仁爱，我们的家园会更加美丽、和谐。

注释：育空河为北美洲的主要河流之一，流经加拿大的育空地区中部和阿拉斯加中部。先往西北流，然后总的采取西南走向，穿过阿拉斯加地势较低的高原，注入白令海。

在育空河流域的谷底和较低的山坡上生长着矮小稀疏的针叶林。在河谷的森林地带栖居着多种动物，较大的哺乳动物有黑熊、棕熊和灰熊，北美驯鹿、鹿和驼鹿，在海拔较高处有山地山羊和绵羊，狼很常见，还可见到诸如松鸡和雷鸟等允许捕猎的鸟，水禽则有多种鹅、天鹅和鸭。印第安人通常设陷捕捉的毛皮兽有麝鼠、水貂、貂、猞猁、鼬、狐狸、渔貂和松鼠。在育空河中则可发现诸如北极茴鱼、江鳕、北美狗鱼、鲑和白鲑等鱼。

# 向垃圾食品say“bye-bye”

作者：董千琳

插画：王楚斐

## 作者简介

我是董千琳，一名七年级的中学生。我是一个善于与周围人打交道、乐观的女孩，但偶尔也会表现出一点“小叛逆”，喜欢读书，弹钢琴，喜欢与小伙伴们一起“疯”。正如星座所解说，我追求新鲜、不断前进、快乐的脑力风暴；喜欢自由自在的生活，不喜欢被人约束；为人直爽，对什么事情不满会直接地说出来，跟文章的主人公的性格有点相像。

# 一　我的自由生活

1. 周五晚的happy

哇！又是周五！太棒啦！太棒啦！盼星星、盼月亮，可算是盼到啦！

在回家的路上，心情好得不得了的我，一边骑着车，一边哼着那悠悠小调。别提有多开心了！

慢着慢着！

到KFC门前怎能做到熟视无睹呢？招牌上的老爷爷正在向我招手呢!

于是，我就迈着专门属于我的“少爷步伐”，大摇大摆地走进了KFC。一进门，这KFC的“专属味道”我是再也熟悉不过的了。

两个“墨西哥鸡肉卷”，两个“上校鸡块”瞬间就进肚了。

爱吃“洋快餐”的我，越来越胖，越来越胖。同学们都说：“你确定你叫‘郝帅’吗?”愁死我了。可是，我就是忍不住去吃零食嘛!

2. 家中的冷清

离开KFC，我在大街上骑着车子乱逛，犹豫着到底要不要回家。

回到家里，只有电脑、电视、小说、沙发和我做伴。

和爸爸妈妈在一起的时间太少太少，以至于好久都见不上他们一面。

晚上，妈妈可能12点才回来，而我已经睡了。

早上，我起床去上学时，妈妈还在睡觉。所以，只能偷偷地在妈妈的卧室门口小声地说一句：“妈妈我上学去了。”

爸爸半年回来一趟，所以，见面的时间就更少了。

每次在暑假，看着街上人来人往的车辆和那些来这个城市旅游的一家一家的人们，我格外地羡慕那些孩子们。至少，他们有爸爸妈妈陪在他们身边。

而我得到的，只是大把大把的钞票和成堆的玩具、小说。

我的零花钱，却大笔地花在了零食上。

不管是上学还是放学，我总是到学校旁边的小商店"逛"一圈。虽说是"逛"，可是也会"收获"不少东西啦！

3. 狂欢party

今天是同学黎宇的生日！

哇塞！终于要有同学过生日了啊！有口福了哦！今天是"不饱不归"啊！

呵呵，别看黎宇平常挺低调的，过生日排场却挺大啊！现场真"壮观"！

太多好吃的了！薯片！薯片！我的最爱！

啊，太棒了！我亲爱的肚子，今天你太幸福了！

"朋友们！让我们一起跳起来吧！"我们的寿星发话了。

咦？是一首不知名的舞曲？不管了，high起来吧！

唱完了也跳完了，接下来就是切蛋糕了。

哇，黎宇的数学可真是好啊！三下两下就把蛋糕切成了一、二、三……哎呀呀，不数了，吃吧！

很快，生日party就举行完了。

要回家了。

哎？怎么骑车子还这么费力啊？哎哟哟！肚子疼！

4.“狂欢后遗症”

回到家后，感觉不舒服。在沙发上躺了一会儿后，肚子痛得实在不行了，就给妈妈打了一个电话。

妈妈在编辑部略显抱歉地说：“唉，宝贝儿子啊，妈妈现在很忙啊，不能回家去陪你了，听话啊，晚上妈妈不加班了。你先从药箱里拿点药喝吧！”

又是自己！

没办法了，只能自己从药箱里拿了几片治胃疼的药。

这次可真是受教训了，下次再也不敢吃这么多了！

真倒霉啊！参加一个生日party居然还落下后遗症了。

5. 讲座的震撼

今天是周一，又要回学校去了。提起上学来就头疼啊！像我们这些学习不好的同学就更不想上学了。

不过，庆幸庆幸！今天学校居然大方地用两节课的时间让我们听了一个讲座，讲座的名字居然叫“垃圾食品的危害”。

慢着！居然用我的最爱加上“的危害”来做题目。简直太令我心寒了！

那个人还讲道：“零食其实就是垃圾食品的华丽伪装而已，请大家不要被它迷惑！垃圾食品的危害太多了，在这里我只给大家讲述几个：加工的肉类食品含有一定量的亚硝酸盐，可能有导致癌症的潜在风险。常吃奶油类制品可导致体重增加，甚至出现血糖和血脂升高。方便面含有防腐剂和香精，可能对肝脏等有潜在的不利影响。冷冻甜点含有防腐剂和香精，可能对肝脏等有潜在的不利影响。另外，还有大家非常熟悉的危害——肥胖。”

说到这里，我们班的那几个同学就看向了我。

还别说，这个人的讲座还是蛮有震撼力度的。我们班的好几个“零食大王”

都把零食给戒了呢！

不过，嘿嘿，我嘛，在吓得不敢吃了几天后，又“旧病复发”了，依旧我行我素。

哼，管他呢！反正我现在又没有患病！肯定是骗人的！

## 二　与我无关！

1. 妈妈的出差

今天，妈妈告诉我她要出差。

怎么又是这样！

出差后的几天，有点不习惯晚上自己在家，总是有点害怕的感觉，毕竟，每次都是妈妈和我在家嘛！——虽然妈妈总是回来得很晚。

今天，居然收到了妈妈的一个视频邮件。

视频上，妈妈告诉我，她还要考察3个月，找到灵感后再回来。

天哪！还要3个月啊！

虽然我喜欢自由自在，不喜欢有任何人用那些条条框框的规矩约束着我。但有时候过度自由了，却反而有点厌恶这“不羁”的生活了。

2. 小胖的“病变”

今天，依然是哼着我的“北极熊小调”来到了我的“宝座”上。

“哎呀，今天又是周五了哦！”

坐下后，我突然发现坐在我前面的小胖没有来。

“咦？这货可是早就应该坐在这儿大把大把地吃零食了啊！”同桌欣欣说。

上课时，我才知道小胖“病变”了。

知道我是怎么知道的吗？

因为老师上课时拿小胖做反面教材了。

一上课，老师就语重心长地对我们说：“你们啊，拿家长辛辛苦苦挣来的钱去买那些垃圾来吃，你看看，刘毓（小胖的大名）吃出病来了吧！不是我吓唬你们啊，你们现在得脂肪肝啊，冠心病啊，都是那些垃圾食品给害的，我们像你们这么大的时候，哪有得那些病的啊！个个都健健康康、瘦瘦的。现在生活好了，得病的几率越发高了。同学们，觉醒吧！"

累死我了，我居然把老师啰嗦的这么长的话复述下来了。哎呀，太厉害了啊！

（话外音：唉，自恋的孩子呦！）

出于朋友之间的好意，也看在平常小胖给我那么多好吃的东西的份上，今天中午，我顺道到医院看了一下小胖。

"郝帅啊，吸取教训吧！别吃那万恶的垃圾食品了，像我似的，可惨了……哎哟喂……"刚一进门，小胖又对我啰嗦了这么多。

"你行了，行了，今天老师刚刚给我们啰嗦了那么多，你还要给我上政治课，你这人也太不够哥们儿了。"我不满地抱怨道。

我害怕他再给我啰嗦那么多"无用的"，就跟他好歹寒暄了几句，匆匆离开了医院。

3. 妈妈的叮嘱

妈妈出差一个月了，家里也冷清一个月了。每天都是自己一个人，但偶尔也会去一下姥姥家吃饭。

不过，好像已经好多天没到姥姥家去了吧？

今天回家后，我突然想给妈妈打电话，告诉她今天发生的事情。

在话机上摁下了妈妈的号码。

可是，电话里却传来令人心碎的忙音。

唉，妈妈肯定是忙晕了头，把我给忘了吧！

晚上10点，坐在电脑前的我打了一个大大的哈欠。今天怎么这么早就困了啊？于是，我关上电脑，准备上床睡觉。

"丁零零——"

"咦？这么晚了谁还会打电话来啊？"我在心里暗暗思量着。

"喂？"

"今天打电话给我有什么事吗？今天下午刚好有一个重要的会议在开，现在刚看见有你的未接电话。"

于是，我把今天发生的事情一一复述给妈妈听。

你猜怎么着？妈妈的话就像黄河水泄洪了，一发不可收拾，“帅帅啊，你看着了吧？跟你说别整天吃那些花花绿绿的东西，你不是还不听吗？今天上午我听了一个讲座，那个主讲人讲了垃圾食品的危害。它会导致肥胖、高脂血栓、冠心病等疾病啊。以后别再吃了啊。”我看到了桌上的大包零食，不禁垂涎欲滴，就对妈妈说：“好了，好了，我知道了，我不会得那些病啊，我就是忍不住嘛，拜拜啊！”

妈妈的话的确吓了我一跳，可是，手脚不听大脑的使唤，又拿起了桌上的大包零食，“啊呜啊呜”地吃了起来。

4. 郊游

今天是周六，几个同学组织下午一块儿去郊游。哎呀，又有口福啦！

今天上午，我拿了足足200元钱，准备把它们全部花在零食上。幸亏爸爸妈妈没在家，要不然准会被他们批一顿。

超市里的人可真多啊！一进门，我就拿着购物篮直奔零食专柜。咦？最近好像又多进了几种零食哦！太棒了！种类相当可观啊！果冻、棒棒糖、薯片、雪糕，还有最喜欢吃的罐头、咯吱脆……真是一样都不能少啊！

满满的一筐子零食，让售货员都不禁感叹：“小同学，你真能吃啊！”

下午，我把所有的零食都装进了我的“耐克”背包里，背着鼓鼓囊囊的包出发了。

来到集合地点，大家一看到我的包，就不禁感叹道：“唉，你爸爸妈妈可真大方啊！给了你多少钱去买这么多好吃的啊？”

“我爸爸妈妈才没有这么大方呢！我爸爸妈妈都出差了，现在是‘我的钱我做主’了啊！羡慕吧？”

“你太幸福了！”

“我爸爸妈妈什么时候也可以出差呢？”

我刚说完，他们便热火朝天地谈论起来了。

他们只是看到这光彩的一面，却没有想到自己在家会是多么孤单，做什么事情都是自己一个人。

来到了我们的郊游地点——护城河边，我们便铺上桌布，把所有的零食都哗啦哗啦地从包里倒了出来。

大家就像饥饿了多少天的老虎一样，疯狂地“抢吃食物”。不一会儿，所有的食物就被我们一扫而光了。

接着，大家便一个接一个地都躺在草地上，看着天空。

我想，这肯定是一幅非常唯美的画面吧？

湛蓝的天空下，绿茵茵的草地上，哗啦啦流淌着的小河边，几个孩子躺在草地上，远处的低山与天空的交界处的那道细长的线，好像触手可及。同学们一会儿谈论着天上的云彩的变化，一会儿谈论着这几天的见闻，一会儿谈论着这几天看的电影……

“跟你们说啊！我最近看了一部动漫电影，叫作……那个……啊对，《千与千寻》。太好看了，而且特别有意义，谴责了当今社会人们对金钱的欲望。你们也回去看看吧！”若语一提到她喜欢的动漫，就激动不已。

“嗯，真的特别好看呢！”若语的姐姐若瑾回应道。

“对了，这几天我刚看了一部环保电影，叫作《难以忽视的真相》，也特别好看，阐述了全球变暖的危害。”欣欣也加入了我们的讨论中。

“不愧是好学生啊，看电影都要看这么高深的电影。我就只喜欢看动漫，我最喜欢的还是我的《名侦探柯南》啦！”

一提到柯南我就……我就……激动啊！

“对了，我们玩个游戏吧！”若瑾提议道。

“嗯，就玩那个一个人提示，另一个人猜的游戏吧！”欣欣说。

“对，那个游戏确实挺好玩的。”若语非常赞同。

于是，我、黎宇一组，欣欣、若语和若瑾一组，开始了激烈的“大战”。

5. 激烈的比赛

第一场比赛：我猜，黎宇给我提示。欣欣、若瑾和若语给我们出题目。

第一个题目，黎宇就提示道：“我最喜欢喝的，一种饮料，两个字。”

哈，这个容易，黎宇是我最好的朋友，他天天喝什么我还不知道？于是，我就立即答出了：“奶茶！”

第二个题目是黎宇用手比画的题目。

看着黎宇那手忙脚乱的样子，我们三个不禁哈哈大笑。到最后，实在猜不出来了。黎宇就着急地说："哎呀，笨啊，就是手忙脚乱啊！"

呵呵，没想到我还在心里猜对了，早知道说出来就好了。

玩游戏的时间过得真快啊！不一会儿，太阳就涨红了脸，慢慢地往下退。天边出现了一道美丽的晚霞，仿佛也对这美好的时光恋恋不舍。

"大家都回家吧，天也不早了。"我提议道。

"好啊。"

"走吧。"大家都一一应和。

6. 姥姥家的夜晚

今天晚上，因为不想回家，所以，我直接背着旅行包来到了姥姥家。姥姥一见我来了，高兴得不得了。

"帅帅啊，多久没来姥姥家了啊！今天晚上姥姥给你做好吃的啊！"一听见"好吃的"这三个字，我顿时就两眼放光，郊游后的疲惫瞬间飘到九霄云外去了。

不一会儿，姥姥就烧出了她最拿手的"可乐鸡翅"和"咖喱烧牛肉"了。

一闻到这诱人的香味，我就再也控制不住了，屁颠屁颠地跑到了餐厅里。哎呀，这两样可是我的最爱啊！不一会儿，两盘都被我扒了个精光。也许，老人们就喜欢看着自己的孙子把自己烧的饭吃得一点儿也不剩吧！姥姥看着我狼吞虎咽的样子，满意地笑了。

## 三　都是幻想惹的祸

1. 我迷上了科幻小说

今天在上学时，看着黎宇拿了一本《2050》。

"咦，这是什么书？名字挺好玩的啊？"我好奇地问道。

"科幻小说，可好看了呢！我快看完了。你要不要看看？"黎宇大方地问道。

"嗯，好的。不过你不必担心啦，我很快就会还给你的。"哼哼，不要白不要啊，这可是你主动借我的呢。

今天晚上放学回家后，我立即翻开书看了起来，也顾不上了吃晚饭了，只是拿着两片面包敷衍了一下晚餐。

书的魔力真是无穷啊！我硬撑着看到凌晨两点把整本书看完了才罢休。

书中的主要内容：

2012世界末日以后，靠强大的意志活下来的人都有一种特殊的能力，称为“幸存者”。诺亚方舟里的人开始研究这类人。但是，其方法有损人格、尊严，幸存者便开始了反抗计划。

我看到幸存者将要逃跑，主人公于雷躲在暗仓里准备冲出去的时候，简直要把盖在身上的被子给蹬掉了。

2. 小说带来的麻烦

昨晚两点我才恋恋不舍地放下了书。可是放下书我却睡不着，一直想象着书中描绘的场景，实在太有诱惑力了。

大概是快到天亮才睡着的吧！

今天上午一起床，我就知道又有不妙的事情发生了——现在是北京时间上午9点了！“哇！”吓得我立马从床上爬起来，穿上衣服就往家门外跑。

在路上，我把自行车骑得飞快，引来一大群路人异样的眼光。唉，他们一定是以为我是个不去上学，还在街上疯狂地骑自行车的不良少年吧！

管他三七二十一呢，先到学校再说吧！

真不巧，第三节课已经开始上课了，而且是班主任的课。哎呀，完了完了，怎么这么倒霉呢！

本来就迟到了，再不去认错，那不是罪加一等嘛！想到这里，我鼓起了勇气，敲了敲班级的门。

“报告！”我战战兢兢地说。

“你干吗去了？你看看几点了？还知道来上学？”班主任冷冰冰地说道。

“我……我……”唉，怎么能当着全班同学和老师的面儿说出这么糗的事来呢？

“说不出来就在外面站到下课！”老师朝我大声喊道。

老师不管我的反应，自顾自地讲起他的课

来了。

过了大约15分钟的时间吧，老师出来了，劈头盖脸地训了我一顿，“人家迟到个10分钟、15分钟还说得过去，你这都迟到了两个小时了，像不像话？你怎么不等同学们放了学再来啊？”

“老师，我昨天睡得太晚了，所以才这样的。我保证以后再也不敢了，以后一定要早睡早起。”

老师看我态度诚恳，就满意地说：“看你认错态度诚恳，先进去吧！不过为了给你点教训，先扣你个人量化5分。”

都是小说惹的祸啊！

## 四 都是幻想惹的祸

自从看了科幻小说以后，我发现我的幻想力真的大有提升哎！

今天晚上回到家，我突发奇想，想把一个东西瞬间移动。于是，我就拿起一支铅笔想要用我的“魔法”把它“瞬间转移”。转念一想，铅笔这么轻，怎么能显示出我的“威力”呢？

于是，我就在家里翻箱倒柜，终于“淘”出一个铁家伙来。哈哈，这可足够可以显示出我“神勇无敌”的“大威力”啦！

这个东西就是——当当当当，秤砣！

我把它高高地举起，想要“施展”我的“法力”。

然后突然松手，结果……

“哎呀，妈呀，疼死我了！”

“施展法力”的结果是——秤砣重重地落在了我的脚上，肿起了一个大大的包。

都是幻想惹的祸啊！大家可千万别学我啊！有幻想是好事，可不要像我似的有不切实际的幻想啊！

# 五　离家出走

1. 无聊的假期

今天放暑假了。可是妈妈依然在外出差，没有回来。

下午在家闲得无聊，看着街上来来往往的人们，别人家的父母领着孩子在街上走着，心中不禁生起一股辛酸之情——爸爸妈妈多久没带我出去玩了？

在家里太无聊了。

玩电脑？不，玩多了就很无聊了！看电视？也不，把所有的电台都翻了一遍也找不到好看的。

只能睡觉，吃零食，跟同学们在电话上侃着一大堆八卦的事情。

2. “离家出走”念头的萌芽

晚上，在电视上看到了一个访谈节目，是关于离家出走的，原因是那个……什么来着？啊对！心理压力大，孤单……

我应该就是属于“孤单”吧！

于是我的心中渐渐生起了一个念头——我要离家出走！

先问问妈妈到底回不回来吧！

“喂，妈妈，我们放暑假了，你回来吧！哪怕陪我玩一天也好啊！”

“帅帅啊，你现在已经不是三岁小孩子了，妈妈还有很多工作要做啊，过几天就回去了！”

“过几天是什么时候啊？你总是这样说！”气得我一下子把听筒扔到了话机上。

哼，回不回来就怎么着了！

3. 离家出走，行动！

早上，我收拾好所有的东西，准备离家出走，远离这个令我感到孤独的城市。

零食、睡袋、钱、手机、衣服、笔记本电脑……一样也不能少。

背着背包，戴着耳机，开始了我的“漫长旅途”。在车站，将要出门远行的人们看着我独自背着行囊，不禁诧异地看着我。

也不奇怪啦！其他的像我这么大的孩子哪个不是让家长陪着？

去哪儿呢？抬头看着密密麻麻的车次表，目光一直在寻找着落脚点。嗯，就去这儿——上海！

经过8个小时的行进终于到达了上海。

随着人群的流动，，我被活活地挤出了车站。

走出车站，看着这陌生的城市，我感到既兴奋又紧张，先找个宾馆住下来吧。

4. 城市迷途

今天是来到这儿的第三天了，可是，这几天跟我想象的离家出走的场景完全不一样。没有惊心动魄，只有平淡无奇。

白天，漫无边际地在街上闲逛，路过游乐场，也只能是在心里默默地伤心——孩子们都在他们的爸爸妈妈的陪同下快乐地玩着。晚上我也是只能在宾馆里看电视、上上网、睡觉。

也许是姥姥去我家看我的时候没人开门，也许是妈妈往家里打电话时没人接，在关机几天后再打开手机时发现有几十个妈妈的未接电话。

正在犹豫是否给妈妈回电话时，妈妈又打电话来了。

算了，接吧，反正我在这儿也待够了。

“喂，妈妈！”

“帅帅，你在哪儿呢？”

“妈妈，我来上海了。我现在在……在……这是哪儿啊？妈妈，我迷路了！”

“迷路了？你在那儿等着啊！我这就坐飞机过去。你那儿有什么标志性建筑吗？”

我环顾了一下四周。

“这好像是一个广场啊！具体的名字我也不知道啊！”

“在那儿等着别动啊！我马上过去！”

看来，妈妈为了我，把工作都放弃了来找我。独自在陌生城市的这一刻，突然觉得自己真的好自私！

5. 安全返程

3个小时之后，妈妈出现在了我的面前。妈妈抱着我，不停地说：“妈妈再也不出差了，妈妈再也不出差了！”

我对妈妈说：“妈妈，是我太自私了，不应该因为我让你把工作都丢了。”

就这样，妈妈和我你一句我一句地说着。

“妈妈，8点了！”偶然一抬头，看见广场的大钟已经显示是8点了。

妈妈正要拉着我走，我才突然想起，我所有的东西都还在宾馆。妈妈笑着说：“离家出走还学会自理了哈！”于是，我领着妈妈来到了××宾馆312号，取走了我的行囊，踏上了回家的旅程。

这一离家出走太无聊了。原来，许多电视剧里演的小孩子离家出走都不真实啊！

## 六　一切都太突然了

1. 突如其来的病魔

这几天，我感觉有些头晕眼花的，不舒服。告诉妈妈？算了吧！妈妈肯定会担心的。

今天早上起床后，刚要走出卧室，身体一下子支撑不住，倒在了卧室门前。

妈妈闻声而来，急切地问我：“怎么了，怎么了？”我很想告诉妈妈我没有力气了，可是，“身不由己”，瘫倒在地上。

醒来后，我发现自己在医院里。

“你看看你，要把我吓死了！”刚醒来，妈妈就轻声嗔怪道。

“我为什么在这儿呢？”

“你还好意思问呢！还不是你吃那些‘垃圾’吃多了，营养过剩才得了脂肪肝！吸取教训，以后别吃了啊！我记得在书上看过，那些淀粉类食品在超过120℃高温的烹调下容易产生一种叫丙烯酰胺的物质，而动物试验结果显示丙烯酰胺是一种可能致癌物，所以，吃那些薯条、薯片啊什么的对身体一点好处也没有！长期低剂量接触丙烯酰胺者会出现嗜睡、情绪和记忆改变、幻觉和震颤等症状，且伴有出汗、肌肉无力等末梢神经病症。"

"唉，我说这几天怎么这么不舒服呢！"

2. 垃圾食品的危害

中午，我让妈妈把笔记本电脑给我拿到医院来，想彻底"认清"一下垃圾食品的"真正面目"。

首先映入我眼帘的是"色素也有毒"五个字。呀，我平时可是最喜欢吃那些花花绿绿的东西啊。网上说：色素并非非法添加物，但是，总是有一些不法商贩为了追逐利润而过量添加色素。

我平时可喜欢喝可乐了，但是，不看不知道，一看吓一跳。"可乐是不折不扣的'毒品'：像所有汽水一样，它是百分之百非天然的怪物，其中的成分除了水之外没有一样对身体有益，反而有害。"

"往往有些同学早上懒得买早饭泡袋面，晚上临睡前肚子饿了泡袋面，但方便面危害多多最好少吃。让我们来看看它的'结构'。眼下，食品添加剂多达300余种，它们分别起到增色、漂白、调节胃口、防止氧化、延长保存期等多种功能，这些添加剂按规定都是可以使用的。我们偶尔吃几餐，问题不大，但是长期吃下去，就很难确保身体健康了。"平时爸爸妈妈不在家的时候，早饭基本上是方便面陪我度过的啊！

看来我不得不承认，我的"最爱"是害我生病住院的罪魁祸首！

引以为戒吧！不要在沉迷于那些"有害物质"了！我是真的觉醒了！！

3. 爸爸失踪了

我赶忙跑过去，"妈妈，你怎么了？"

"没事，没事。"

"不，妈妈，你快告诉我怎么了！"

妈妈拗不过我，告诉我："你爸爸要离开我们了。"

"离开？为什么？"我一时接受不了，瘫坐在地上，"他为什么要这样？"

为什么刚刚有好转的生活转眼间坠入深谷？

一切都太突然了！

这几天，爸爸真的与我们"隔绝"了。电话不接，单位里的人也联系不上他。

"爸爸真的走了吗？他什么也没交代吗？"我问妈妈。

妈妈也许是一时接受不了这个事实吧？我的话她就像没听见似的。

"妈妈，没事的，也许是爸爸这几天有什么事情吧！"

我知道瞒不过自己，说完这句话后，再也忍不住了，把心中的一切情绪转化为号啕大哭。

4. 终于出院了

由于这几天为爸爸妈妈的事情考虑了很多吧！也许是药物的作用吧！这半个月来，我居然瘦了足足有30斤，成了一个苗条的小伙子，真的变成了"郝帅——好帅"。

临出院时，医生叮嘱了我一大堆注意事项：可以适当地吃一点零食，但是要有节制，多运动……听得我耳朵都要起茧了！

出院后，感到异常的畅快，像一只刚刚出笼的小鸟，不再受到禁锢一样。可是，转念一想到爸爸妈妈的事情，心情就"晴转阴"了。

爸爸这到底是为什么呢？

5. 奇迹出现了

我和妈妈落魄地走在大街上，却在想着同样的事情。我想："我一定要先振作起来，回家后好好安慰安慰妈妈。"

打开家门的那一刻，我惊呆了——爸爸就坐在沙发上。

"爸爸！爸爸你到哪儿去了？我想死你啦！"我扑过去，抱住爸爸，大声地喊道。

看到爸爸在这儿，妈妈也大吃了一惊。

"你去哪儿了？"妈妈问道。

“前几天，我们公司的那个会计携款潜逃了，所以，我破产了。我没脸面对你们，所以就出去待了几天。”

“爸爸，没事没事，没钱了还可以再挣嘛！我们可以……可以……开一家咖啡馆！”爸爸回来了怎么都好，管他什么破产了怎么怎么样的。

“嗯……开一家小商店也不错啦！”

6. 天有不测风云，人有旦夕祸福

“咳……咳……”这几天，姥姥不知道怎么了，整天咳嗽不停。妈妈觉得我在暑假里很闲得慌，于是就派我去照顾姥姥。

姥姥平时最疼我了，这项任务怎么能不接受呢？

来到了姥姥家，我大吃了一惊。

姥姥怎么这么憔悴了啊，与平常身体健健康康的姥姥简直判若两人。

“姥姥，你怎么了啊？怎么这样了啊？”

“帅帅，你来了啊！”姥姥见到我，脸色红润了些，吃力地对我说道。

“姥姥，你是不是病了啊？我打电话叫妈妈陪你去医院检查检查啊！”

“别打，别打，她那么忙，别叫她。”姥姥阻止道。

这次，我没有听从姥姥的命令，偷偷地给妈妈拨通了电话。

妈妈硬是把姥姥从家里“拽”出来，“拽”到医院里去了。

“先做个肺部检查吧！”医生下了一个“命令”。

不知道为什么，医院里的这种气味、气氛和家属、病人们喧哗的声音，总是让我感到紧张、害怕。好像，这里是生与死之间的一道薄薄的隔膜。

很快，姥姥的检查结果出来了。

医生告诉我们，姥姥患的是——肺癌！这句话给我和妈妈一个“晴天霹雳”！

这意味着什么？意味着不能治愈，意味着姥姥将要离开我们。

为什么刚有点好转的家庭会遭受这样的打击？

姥姥平时那么疼我，从小，爸爸妈妈去上班，都是姥姥在家陪我玩，给我买好吃的东西。如果姥姥突然离开了我们，我要怎么接受？

7. 姥姥就这样离开了我们

今天上午去医院看望姥姥，医生告诉我们姥姥的病情突然恶化，让我们做好心理准备。

听到这儿，我的身体颤抖了一下。

我连忙奔向姥姥的病房。

“姥姥，姥姥。”

姥姥知道自己不行了，吃力地对我说道：“姥姥走后，你要跟你爸爸妈妈搞好关系，不要让他们整天忙于工作，要多陪陪你啊！”我点头答应着。

姥姥让我出去，跟爸爸妈妈交代了一下。

然后，姥姥头一歪，就这样悄悄地离开了我们。

因为伤心过度了吧，哭了一上午后，在姥姥的葬礼上，我一句话也没有说，默默地送走了姥姥。

8. 姥姥的病因

姥姥走后，我一直沉浸在姥姥去世的悲痛之中，伤心不已，其他的事情都一概不理。

今天，我来到了姥姥的主治医生的办公室，想要问清姥姥的病因。

医生告诉我，“肺癌的发病原因主要有这几点：吸烟，职业和环境接触，放射，肺部慢性感染如肺结核、支气管扩张症等患者，家庭因素，大气污染等。像你姥姥这样的患者，主要是由于大气污染造成的。”

回家后，我又查了一下造成大气污染的主要原因有工业排放的废气、运输工具排放的尾气、垃圾造成的污染、焚烧秸秆排放的浓烟……所以，在这儿，我要呼吁人们：“为了自己和他人的健康，减少废气的排放吧！”

## 尾 声

妈妈辞去了工作，决定和爸爸一起经营咖啡馆。

现在，他们正在紧张地装修中，决定一周后开张，正式营业。

今天下午，我来到了正在装修中的咖啡馆。

咦？出乎我的意料啊！原来装修得差不多了啊。

虽说是在装修中，可是，一进门我就惊住了。没想到，爸爸妈妈装修的是优雅的绿色风格。

漂亮的墙纸，简单大气的装饰，再配上轻柔的音乐，然后再轻轻呷着一口口的热咖啡，太令人陶醉了！

“爸爸妈妈，我相信我们家的咖啡馆一定是全市最棒的绿色咖啡馆！现在是暑假，开张后，我也要过来帮忙！”

“好啊。”

“呵呵……”

## 写作感悟

董千琳

写这篇小说之前，我对于“写小说”这件看似庞大的任务是想都不敢想的。动笔之后，却发现小说并没有我们原来想象的那么难，也并不是青少年写不出来的，彻底颠覆了我的“只有大人才能出书”的观念。写作时，就好像是自己操控着那个虚构的世界，自己就是上帝，要它发生什么就发生什么，会有一种自豪感，而且，会一直为“我写了一部小说”而感到高兴，可以在平时遇到困难时激励自己：一万字的小说我都完成了还有什么完不成的呢！

# 声音也疯狂

作者：王姝然

画者：国冠磊

## 作者简介

Hi！小读者们，这是我第一次写书，请多多捧场哦！

我是谁？你们竟然不知道我是谁？我就是“花见花开，车见车爆胎”的王姝然！我现在可是正在发奋，梦里都在写着这部小说，经过这几天的努力，终于有了成果。兴奋！兴奋！

你们别以为我在套近乎，我是真的很喜欢你们看到我的书时脸上的笑容，虽然我的书很小很小，但我仍希望这本书能给你们带来快乐！

呵呵！不多说了！咱们一起来读一读我的小说吧！

## 画者简介

大家好！我是这本书的插画员国冠磊，你们不要小看我哦，我可是很努力呢！

没有我，这本书会很无趣的，所以说呢，我真的很重要。

唉！我承认我很自恋，不过，我也很认真的！

对了，希望你们会喜欢上我在这本书里的插图！放心吧，你们到时候肯定有种身临其境的感觉！

## 人物介绍

阳光：一只浑身棕黄的帅气狗狗，头顶上有一撮绿色的毛，自以为超帅的超级自恋狂。酷爱冒险的他，特爱喜欢去挑战刺激的事物，而且还拉着小伙伴们一起去挑战，每次都让小伙伴们吓个半死。不过，他还是挺讲义气的，当朋友有困难时，总是为朋友两肋插刀，而且他在别人眼里是个永远长不大的调皮小子“特能吃神”。

茵月：一只尾巴有九种颜色的百灵鸟，一只无论到哪儿都能给别人带来欢乐的活泼鬼，每天吊儿郎当，遇到事一脸无所谓，但她对待唱歌比谁都认真。她那种发自内心的笑意久久徘徊在脸颊，那些蹦跳的小音符就像有了生命一样跳跃着。还有她那遇到困难永不放弃的倔强，让谁看了都会被她感染！

星辰：一只身上点缀了无数斑点的豹子，无论走到哪儿都会带着一种皇族气息，就像星星一般闪耀。不过，他也只会在小伙伴们面前露出真实的自我，总被称为“灭绝”的他，竟也会有那么“失态”的时候，真是蛮有趣的。

凌湖：一只浑身灰色、黑眼珠微微发蓝的可爱小兔子，千万别被她乖乖的表面所迷惑，她可是最会捉弄人的，小伙伴们都不知道她脑子里到底有什么稀奇古怪的东西，为什么那么喜欢恶作剧，每次都整得小伙伴们惨不忍睹，成天古灵精怪的！但也是大家公认的无人能敌的“睡神”！

云朵：一只浑身雪白的小猫，有着一双琥珀色的眼睛。她是个淡定女，无论遇到什么危险都表现得很淡定。当然，有时有些淡定过头，有时还有点乌鸦嘴。

杨叶：是这五个小伙伴们在城市遇到的新伙伴，他自身有一种特异功能，能够听明白动物们说的话，是不是很神奇？被那五个小伙伴们俗称“叶子”的他也有自己的伤心处，他爸妈在外地长期打工，平时屋子只有他自己住，但自从遇到了那五个小伙伴后，他也感受到了家的温暖。

## 引子

一个神奇的地方，一个神秘的村庄，五个成天无忧无虑的小伙伴，在突如其来的“守护者”称号下，开始了他们奇妙的旅程。在城市，他们遇到了他们的新朋友杨叶，与他在一起的时光里，有哭、有笑、有打、有闹，在这个环境中，谁能不被他们感染？他们在一起经过了一些艰难险阻，最后立下了只属于他们的誓言。让我们走进这篇童话，去感受他们给我们带来的欢乐！

## 一　几个伙伴的选择

### 1. 不可思议村庄

月亮慢慢爬上了树梢，淡淡的月光笼罩着不可思议村，夜依旧是如此宁静。

河流静静地淌着，花草们已进入梦乡，一切都如此安详。

不可思议村的故事即将开始，请你慢慢闭上眼睛进入这奇幻的梦境。

蓝色的大树、粉红的小溪、隐隐发着淡绿色的天空，是不是很不可思议？

不可思议村庄永远都是那么的不可思议！

### 2. “诗句”比赛

太阳公公的脸红红的，他笑呵呵地望着美丽的不可思议村。小鸟唱着欢乐的歌，为跳舞的蝴蝶伴奏着。但就在这快乐无比的地方，也少不了令人烦躁的事情，就在那片小湖旁边的向阳学校的某一教室里，学生们正昏昏欲睡地听着老师的“催眠曲”。

但当下课铃一响起来的时候，同学们便都清醒过来了，整个教室在一瞬间又充满了欢笑声。就在这时，阳光就大摇大摆地走到其他四个伙伴的桌前，用手假装捋了捋不存在的胡子，“咳！咳！本人最近学会了很多诗，现在真是自我感觉良好啊！我看你们都比不上我吧！”

“哼！谁说的，你敢不敢跟我比试一下？”茵月不甘示弱地跳到桌子上向阳光宣战。

“好，谁怕谁！不过如果你输了就要在广播上大声说三遍‘茵月是笨蛋’！如果我输了，我就要说三遍‘阳光是大笨蛋’怎么样？”

“好啊，那你输定了！”茵月很有信心地说。

“好！好！我来当裁判！”凌湖看得来劲了，于是也激动起来。

**比赛规则**

甲方：阳光

乙方：茵月

甲先说上句，乙答下句，每人三个，如乙答不上来，就扣一分，并换乙说上句，甲答下句，答不上来也扣一分。

如甲说上句乙全答对，就给乙加一分，并换乙说上句，甲全答对同样给甲加一分。

**比赛开始**

甲：床前明月光。

乙：李白睡得香。

“喂！你们……”凌湖才想说，结果被那两个打断了。

甲：三个臭皮匠。

乙：臭味都一样。

甲：西塞山前白鹭飞。

乙：东村河边乌龟爬。

观众们全体汗颜。

甲：你还挺不好对付的嘛！

乙：那还用说！

“喂！我说你们……”裁判这时又想插上一句话，结果又被那两个打断了。

乙：书到用时方恨少。

甲：钱到月底不够花。

乙：忧劳可以兴国。

甲：闭目可以养神。

乙：退一步海阔天空。

甲：退两步掉入海中。

……

过了N个回合后……

众人全部无语！

“呃……同志们，你们在说啥？这些是诗吗？”裁判凌湖过了好一会儿才回过神来，不禁在心里感叹：“终于完整地说完一句话了！好透气啊！”不过，这次却被那两个华丽丽地无视了！

茵月：“看来咱们是同一个道上的人啊！”

阳光：“唉！知己，知己啊！”

凌湖完全抓狂……

3. 选择

就在这时，学校的喇叭响起来了：“茵月、星辰、云朵、凌湖、阳光，请这五位童鞋到校长室来！”

校长室。

“同学们来了。来，来，快坐！”

“有什么事快说，我回去还有事呢。”云朵不满地说。

“很快，很快的。孩子们，告诉你们个好消息，长老亲自来看你们了。感不感动？”

“不感动！”那五个异口同声地说。

“真是，你们也不知道配合我一下。算了，下面的事让长老跟你们说吧，我先走了。”校长说完就溜之大吉了。

接待室。

“长老好。”

“孩子们好，今天我叫你们来，是要告诉你们一个消息，你们被选为新一代的守护者，你们将肩负着守护不可思议村的职责。当然，在你们上任前需要接受考验，我不会勉强你们接受，但只要有一个人退出就意味着所有人的失败。你们好好想一想，明天告诉我答案！”

教室。

茵月：“你们参加吗？”

阳光两眼放光地说：“我参加！因为肯定很刺激。”

凌湖面无表情地说：“别瞎猜了，说不定是让我们浇浇水、种种树、施施肥而已。星辰你呢？”

星辰：“我参加！因为我认为这是长老给我们的任务，不能不参加！”

“那我也参加！管他什么测试呢，看我的。”茵月在旁边拍着胸脯说。

凌湖看他们都参加了，急忙说：“那加我一个，你们都参加了也不能少了我啊，我可是核心人物！”

阳光：“别自恋了，虽然不如我。呵呵！朵，你呢？就差你了。”

“无聊！我不参加。”云朵边修指甲边说。

然后，那四个伙伴就——

（请看他们的求人杀手锏）

茵月：“朵，你最好了，我给你买糖吃吧！”

云朵：“我不是小孩子！”

凌湖：“朵姐姐，你想要什么？想喝茶吗？”

云朵：“我有这么老吗？”

阳光：“朵，我告诉你鬼屋的所在地，你参加吧？”

云朵（汗）：“不是吧，又来！”

星辰：“朵，这相当于长老给我们的任务，怎能不参加呢？你说是不是啊！我告诉你啊……”

云朵：“停！停！停！别唠叨了，快烦死了！我参加！我参加！我参加行了吧！如果你们再继续下去真会烦死人的！”

（旁观者：“我倒！佩服佩服啊！”）

第二天。

长老：“孩子们，告诉我你们的选择！

“我们选择接受！”

“好！这个考验就是，去城市，去拯救城市，我给你们准备好了船，明天出发，祝你们好运。”长老笑着说。

阳光不解地问：“拯救城市什么？”

“去除噪音。在城市里，车、飞机、工厂、建筑工地等，都是制造噪音的源头。噪音可是个严重的问题，它能影响我们的学习、休息、工作，给自然界带来烦恼，特别不受大家的欢迎。城市那边的人都想请我们管理一下噪音，所以我就想让你们去。”长老说。

茵月：“哇！我们的任务好重啊！不过，我们一定会做好的！”

小伙伴们都很愿意去帮城市，小伙伴们的奇妙旅程即将开始……

## 二 城市遇险

1. 到达

湛蓝的天空和深蓝的海洋交汇在一起，整个世界就像是一个水晶球一样，透明、晶莹，而那几个小伙伴们的船，就像是一个在水晶球中的小舟，那么渺小。

“啦啦啦！啦啦啦！啦啦啦啦啦……”茵月和凌湖不知疲倦地唱了一路。

云朵因为受不了她们“美妙”的歌声，所以到船的另一边去看电视了。

星辰和阳光也快到崩溃边缘了，但茵月和凌湖却没有意识到这一点，依旧“忘情”地唱着。云朵：“辰、光，你们真坚强啊，没想到能承受住这么恐怖的音乐，佩服！佩服！”阳光：“我们也没办法啊！”

最后，星辰终于忍不住了，“大小姐们，你们累不累啊，你们不累，我们听着也累了，别唱了吧！”

不过，因为茵月和凌湖太忘我，所以，星辰就被她俩华丽地无视了。

星辰说了N遍后，那两个终于听到了。茵月听到后不满地说：“喂，我们唱歌还不是为了让你们放松一下，你们还这么多毛病！”“就是，就是。”凌湖在一旁应着，说完她们便向那两只已无力反驳的狗和豹投去了无数个卫生球。（阳光、星辰："我们是越听越累啊！"）

过了一晚。

"啊，我们到了，我们到了。"茵月激动地站在甲板上向前指去。

"是哦！是哦！我们终于到了！哈哈哈！"阳光在一旁手舞足蹈地发着疯。

星辰："癫痫！"

云朵："神经！"

凌湖："又犯病了！"

茵月："呃，无药可救了！"

正在犯"二"的阳光却没有听到小伙伴们的评价，依旧在那手舞足蹈。

这时，星辰似乎突然想到了什么，立即站起来说："长老说，到岸后一定要加以小心，因为人类对动物们是很不友好的。我们上岸，藏起来瞅准时机后，先逃出这个港口，其他的等到了城市再说。都明白了吗……"

云朵（面部扭曲）："你怎么这么啰唆啊！哎？这好像有轮船的声音，比我们轮船的声音还大一些，太响了！"

阳光（完全没在听）："我想想接下来会迎接什么挑战。杀人？放火？打劫？哦，不对，那不是挑战……"

茵月（昏昏欲睡）："没……没怎么听明白。"

凌湖早已睡着。云朵："牛啊！这么大的声音还能睡着，还真是'睡神'。"

2. 遇险

"好了，快上岸吧。"星辰瞅瞅这儿看看那儿确定没有人了才让小伙伴们上岸。

茵月："干吗疑神疑鬼的！不就是人吗，有什么好怕的，真是。"

阳光："看！有人过来了，快躲起来吧！"

（过了一会儿）

宋兵甲："喂！你们有没有听到什么声音？"

炮灰乙："没有啊，是不是你听错了！"

流氓丙："我也没听到，一定是你听错了！"

土匪丁：“这也莫怪他，他从小耳朵就不好，没办法！”

宋兵甲：“你才耳朵不好呢！”

流氓丙：“走了走了！谁会跑到仓库里来啊，我们先去别的地方转转吧！”

（注：宋兵甲、炮灰乙、流氓丙、土匪丁均表示四个“打酱油”的人，也就是跑个过场的。）

在他们走时，小伙伴们又听到这样一段对话：

宋兵甲：“听说今天晚上头儿邀请咱弟兄们去吃烧烤。”（茵月：“烧烤哎！哗啦哗啦哗啦——”）(注：“哗啦”是茵月流口水的声音。)

土匪丁：“吃什么？”（阳光：“唉！听他的语气，这位一定是个吃货。”凌湖：“你还说人家呢，你不也是个吃货！”）

宋兵甲：“好像吃鸽子。”（小伙伴们惊讶地倒吸一口凉气：“吃鸽子！”）

土匪丁听后急忙说：“我要吃鸽子腿，谁都别和我抢！”

流氓丙：“那我吃鸽子头！”

路人甲看了一眼一直没怎么说话的炮灰乙问：“那你吃什么？”

炮灰乙（一脸严肃）：“我自然是吃鸽子肉啊！”

四个人走后，小伙伴们瘫坐在地上。

凌湖惊叫出来：“他们会不会把我们也吃了？”

云朵：“别激动，小心他们发现我们。”

凌湖依旧激动地叫着：“我淡定不了，他们……他们竟然吃鸽子！啊！接受不了现实！我要去撞墙！”

这时，突然一个声音在他们的头顶上响起。

“我的耳朵没有问题吧，我就说听到了声音，没想到这里竟然跑进来了几只动物。他们是怎么进来的？”宋兵甲不解地问。（凌湖：“你管我们是怎么进来的！”）

土匪丁：“别管了，要不我们把这些动物也吃了怎样，看着好美味啊！”

流氓丙：“好啊！我们先把它们锁起来，等到烧烤的时候再拿出来吃掉！”

炮灰乙小心地问：“我看还是别吃了好，看它们个个都长得那么奇怪，别再有个什么病传染给我们，那可不行。”

路人甲：“你总是那么小心，既然是送上门的食物干吗不吃啊！对吧？哈哈哈！走，先把它们锁起来！”

笼子里。

“真是狼心狗肺、狼子野心、狼狈为奸、郎才女貌、langlang恶狗！”凌湖愤愤地骂着那几个人。

星辰在旁边无语地说道：“湖，你说的那是什么成语，怎么把英语都搬上了。唉！我就叫你们个个平时多学学知识，你们就不学，现在知道知识的用处了吧，骂人的时候还有的骂。”

云朵：“你快别唠叨了，被捉了还那么有兴致，真是被你打败了！”

“剪刀石头布！”“啊！我输了！不行，再来！”“剪刀石头布……”茵月和阳光似乎没有意识到危险的存在，依旧在那玩得不亦乐乎。

星辰（满脸黑线）：“朵，看来，还是我们两个比较正常。”

云朵（在一旁补妆）：“哦。你来看看我妆花了没？”

星辰（无语）：“你们都不正常，我天天跟你们在一起，我都要变得不正常了！”

N分钟后。

星辰心想：“不能再这样下去了，我一定要想想办法，唉，我看指望他们是不行的。有了，长老给我的背包里还有万能钥匙，有了万能钥匙我就能从笼子里出去了，哈哈，我太有才了！”

星辰救出小伙伴们后，得意地说：“这次还是多亏了我你们才得救的，还不谢谢我！”

云朵（对着镜子自言自语，完全没在听）：“我的妆是不是花了？好像真花了。”

凌湖已睡着。

“三带一！”“我好像没有三带一，不过我有炸弹，哈哈哈！”“切，这次我就让让你，下一把我一定赢！”阳光和茵月又不亦乐乎地玩起了扑克牌。

星辰（满脸黑线）：“喂！你们给我停下！别打扑克了！”

阳光（打得正high）没听清星辰说的话，于是回答道：“哦，是挺好吃的！”

茵月（满脸兴奋）：“辰，要不要和我们一起打？”

星辰（被弄糊涂）：“好啊！好啊！哎？不对啊，我要干什么了来着？算了，哎哎，我炸你，哈哈哈！”

云朵：“唉！看来还是我正常点……啊！我的妆又花了！”

“不好，动物们要跑了，快追！”土匪丁看到了逃出来的动物们连忙大声喊道。

“不好，人们追上来了，快跑！”星辰紧接着拉起其他四个飞奔起来。

就当这时，他们几个形成了一个很“唯美”的画面，五个动物在前面拼了命地跑，一些人在后面发了疯地追，不过最后还是没有追上动物们。

“呼呼——他们变态啊，怎么追了那么久，累……累死我了。”茵月喘着粗气在一旁大声嚷嚷着。

阳光：“就是！太变态了！不，应该是特别变态。”

云朵：“我快不行了，累死我了。”

“哈哈哈！你们说话好逗！”这时，又有一个声音在他们的头顶上方响起，小伙伴们一看是人，撒腿就跑，但星辰突然感觉到奇怪，连忙叫伙伴们停下来，说：“你们不觉得很奇怪吗？”

“有什么奇怪的？”小伙伴们问道。

“笨啊，当然是他能听懂我们说的话，这难道不奇怪吗？”星辰边翻着白眼边向那几个白痴们说道。

“对哦。”阳光白痴地回道。

云朵：“不过，既然是人，就应该防着点。”

凌湖：“朵说得对，既然是人，我们的防备之心就不能少。”

茵月：“要不要我们再回去看看？”

“好啊！GO!”那四个完全忽视了星辰，说完便又飞奔了回去，扬起一地的尘土，那尘土不偏不斜正好落在星辰的身上。

星辰完全抓狂了……

就在这时，小伙伴们跑到了大街上，正赶上大街最热闹的时候。小伙伴们都惊讶地看着这番景象，急忙捂住了耳朵，但还是不管用，依然感觉很吵，于是小伙伴们就像是被追杀了一样急忙地飞奔了回去。

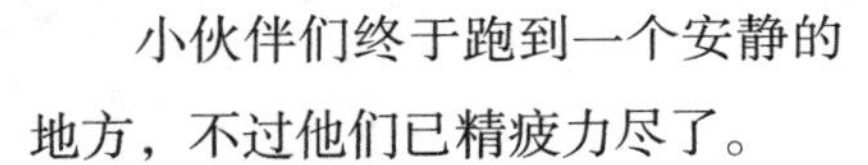

小伙伴们终于跑到一个安静的地方，不过他们已精疲力尽了。

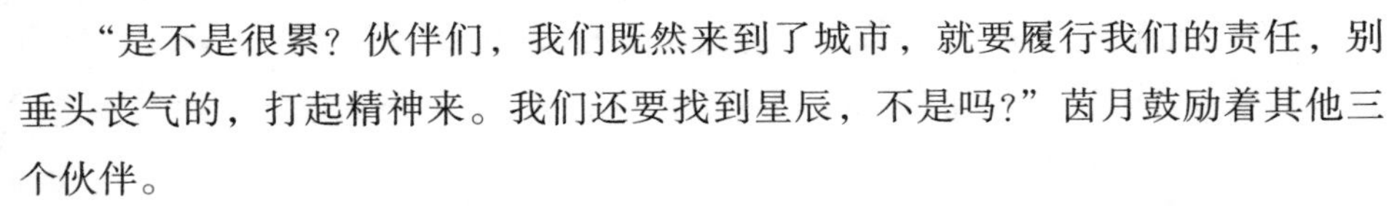

“是不是很累？伙伴们，我们既然来到了城市，就要履行我们的责任，别垂头丧气的，打起精神来。我们还要找到星辰，不是吗？”茵月鼓励着其他三个伙伴。

听了茵月的话的小伙伴，顿时又打起了精神，开始找寻被他们撇下的星辰。

3. 新伙伴

星辰因追他们四个追得体力透支，结果昏了过去。在被小伙伴们看到的同时，也被一个叫杨叶的看到。

这时小伙伴们和杨叶也都看到了对方，小伙伴们拖起星辰就跑，导致星辰在地上留下了十道鲜明的爪印。杨叶紧跟着追了上来。

“你……你别追了，你追我们干吗？”小伙伴们一边跑一边问。

“我也不想啊！谁让你们跑啊！你们跑我不就追嘛！”杨叶也白痴地回应了那几个白痴。

“那还用说，当然是你追我们，我们才跑的！”小伙伴们向比他们还白痴的杨叶说道。

“你们不跑我哪能追？”杨叶喘着粗气。

（某个旁观者：“啊！你看，那几个小动物好可爱啊！咦！怎么后面还跟着个人?”)

(另一个旁观者:“……”)

N分钟后。

那六个同时累趴、倒地，不，应该说五个，因为其中一个早已经倒地了。

茵月望着杨叶说：“大侠，我们知道错了，别追我们了行吗？哎？不对，我们做错了什么?”又是个白痴问题。

星辰：“同志们，别跟别人说我认识你们，太丢脸了。你们简直就是一群白痴!”

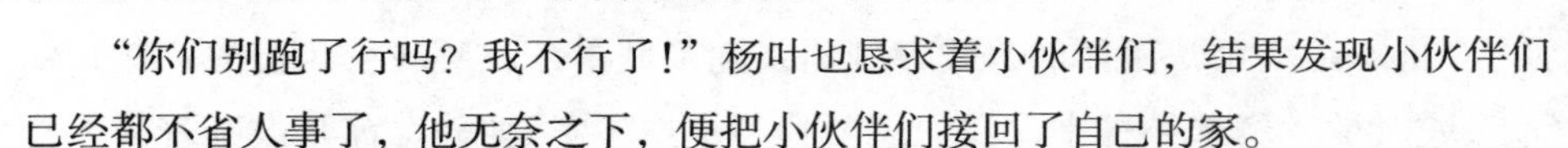

“你们别跑了行吗？我不行了!”杨叶也恳求着小伙伴们，结果发现小伙伴们已经都不省人事了，他无奈之下，便把小伙伴们接回了自己的家。

然后，他们就慢慢混熟了……

再然后，他们就成了朋友……

(旁观者：发展得也太迅速了吧。)

## 三 恐怖的考试

1.七天前的预防针

“当！当！当！起床了！起床了！同志们，起床了!”星期天一早，杨叶就拿着铲子和铁锅拼了命地敲，一边敲一边叫着。不过，却被房间里的几位无视了，而且，不知道是谁还向杨叶投出了西红柿、菜叶子、臭袜子等东西。

杨叶在心里连连叫苦：“我叫你们起床，还遭到人身攻击，我不活了……”

正好这时，对面传来了一声：“你去死吧!”

这句话让杨叶陷入了“沉思”:“咦?难道有人能听见我心里的话?神了！神了!”

正当杨叶想去看个究竟时，对面的凌湖揪着阳光的耳朵与他擦身而过，而且，凌湖时不时嘴里还念叨着：“阳光，你去死吧！竟敢到我屋里来翻东西，看来你是不想活了！”

阳光（求饶状）：“湖姐姐，我是在找最新一期的小说，你就放过我一次呗！我发誓，下次我绝对不敢了！”

凌湖（表情狰狞）：“还有下次？我看你是真不想活了！我告诉你……”

在刚才那个地方，只留下已石化的杨叶……

星辰：“真是个白痴！嘻嘻！没被杨叶听到我在骂他吧？要不就惨了！”

杨叶：“辰，你是不是在说我坏话？你是不是也活得不耐烦了？”

星辰：“哪敢啊，大侠。手下留豹子啊！”

茵月：“啧啧！这真是新一代的河东狮吼啊！哦，不对，是河东豹子吼！哈哈哈！”

N分钟后。

杨叶好不容易才把五个人召齐，哦不，是五只动物。

杨叶（自我陶醉中）：“太不容易了！终于把你们一起召来了！哈哈！杨叶的名声将载入史册！哈哈哈哈！”

云朵（生气）：“有话快说。找我们有什么事？”

杨叶（瞬间一脸严肃）：“你们不是跟我说你们要拯救城市吗？我看你们这样根本是不行的，所以我准备对你们进行魔鬼式的七天训练，并在七天后测验成果。”

茵月（抓狂）：“还要测试啊！我不活了！”

2. 难熬的七天

第一天。

凌湖（惊异）：“哇！光正在读书呢！我没看错吧！”

星辰（惊讶）：“是啊！这么努力！”

茵月（大跌眼镜）：“早饭好像没吃呢！”

杨叶（欣欣然）：“看来光准备要洗心革面、重新做人了！”

云朵（挑挑眉）：“别傻了，能让光这么努力的书只有一种——《外出冒险必备手册》。”

瞬间全体石化。

第二天，大雨。

杨叶（木讷地瞅着门外）：“都快到中午了，湖怎么还没出来?”

阳光（无奈）：“通常天气状况决定着她的睡眠质量。”

茵月（面无表情）：“不用管她，我们都习惯了。”

时光飞逝……

杨叶（僵硬地瞅着门外）：“都到下午了，湖怎么还没出来?”

阳光（不耐烦）：“我都说了天气的状况决定着她的睡眠质量。”

星辰（佩服）：“牛啊！这么能睡!”

云朵（喝一口茶）：“呵!”

日月如梭……

杨叶（石化地瞅着门外）：“都到晚上了，湖怎么还不出来?”

阳光（打着呵欠）：“我就是说天气状况决定着她的睡眠质量。”

星辰（指着电视）：“这上面说这场大雨会持续三天……”

杨叶已经无力回话了。

第五天。

杨叶（疑惑）：“你们谁看到湖了?”

星辰（左顾右看）：“我刚才还看到她了。”

云朵（头也不抬）：“我看是躲在哪棵树上了吧?”

杨叶（再次疑惑）：“哪棵树?”

找了N分钟后……

“什么东西砸了我?”一棵树下，茵月正在抱头埋怨着。

云朵（面无表情）：“在那棵树上。”

第六天。

杨叶（满脸沮丧）："唉，我看就补习到此为止吧，我不干了！不过，后天的考试还是要有的。"

云朵（头也不抬）："哦。"

星辰（面无表情）："嗯。"

凌湖早已睡着。

杨叶（不解地指着湖）："不是天气决定着她睡眠的质量吗？"

阳光（摇头）："是啊，本来她是醒着的，但当你说完补习结束再看她时，她就已经睡着了。"

星辰（佩服）："真能睡啊！比起她，我们真是甘拜下风啊！"

杨叶（想去撞墙）："不过，唯一值得庆幸的事是，这难熬的七天终于结束了！"

3. 考试

茵月，考试项目：武术。

杨叶（临近崩溃）："谁教你武术是用芭蕾和拉丁穿插着演的？"

茵月(无辜)："你啊！"

杨叶（吐血）："算了吧你，你不合格！"

凌湖，考试项目：耐性考验。

杨叶（祈求）："湖，你的耐性我已经看到了，我投降了！"

凌湖睡觉状。

杨叶："要不先从屋里出来吃顿饭后再展示？"

凌湖睡觉状。

杨叶（骗人的表情）："湖，着火了，快去外面展示吧！"

凌湖睡觉状。

阳光，考试项目：特长展示。

阳光："叶子，我知道有个鬼屋的所在地，那鬼屋……"

杨叶：“停停停！现在是特长展示！”

阳光：“我知道这是考试，我继续说哈，我还知道在一个地方有一个山洞，那山洞里很黑，你必须……”

杨叶：“光，这是考试。”

阳光：“对啊，我的特长就是介绍冒险处所，并说说注意事项。”

杨叶：“……”

N分钟后。

考完后，杨叶已口吐白沫、浑身抽搐地躺在地下了。

茵月（好奇）：“会不会死了？”

阳光（表情严肃）：“我想应该不会，凭我多年来的冒险经验，这种事我还是一眼就能看出来的。”

星辰（鄙视）：“你才几岁，真自恋！”

杨叶：“什么时候了，还在说风凉话，咳咳！”

云朵（还是面无表情）：“看来没死！”

说完便自顾自地修起了指甲。

杨叶：“你们几个没良心的，我看我还是死了算了！”

星辰：“明明没死，为何这样为难自己呢，施主？”

杨叶气昏过去。

## 四 疾病风波

1. 这是怎么了？

杨叶：“你们是怎么了？怎么从昨天晚上开始你们就这样？”

茵月：“我们哪知道，从昨天开始我的羽毛就一直掉。唉！都要成秃子了！”

云朵：“就是！你看我一晚上没睡好，黑眼圈都出来了。”

阳光：“什么？黑脸圈？我怎么听不清楚了？”

凌湖：“啊！我怎么把洗面奶用成了牙膏，我说怎么味不对呢。”

星辰（自言自语）：“咦？牙膏？牙膏？牙膏是什么？”

杨叶（指着茵月说）："辰，你怎么变得这么小了？不对，这是阳光。不，这是谁啊？看不清楚啊！"

2. 明白原因

阳光："我们好像都得病了，必须去看医生！"

杨叶："事不宜迟，咱们快走吧！"

医院里。

杨叶和他的小伙伴们治疗了很长一段时间。一小时后，杨叶先治疗完了，便急忙去找医生。

这时，医生走出来向杨叶说："你们都没事，幸亏你们及时赶到，要不后果可能不堪设想啊！"

杨叶："太好了！谢谢！谢谢医生！"

医生："呵呵！不用谢！你们的症状很多见。对了，你们的病都是由噪音引起的，那个小百灵，是因为听了噪音而经常脱落羽毛。那个小白猫，是因为受到噪声干扰，睡觉没睡好，从而严重缺觉；那个小狗，因为受到噪音的影响，于是便出现了记忆力衰退、注意不集中等神经衰弱症状；那个小兔子和你，是受噪音影响导致你们的视力下降；而那个豹子，是记忆力衰退。"

杨叶突然想起，"医生，我想起来了，我们在最近的一个月内，每天都听得到汽车喇叭声，而且声音非常大，还有建筑工地的声音，整天砰砰叮叮的，吵死我们了！"

医生若有所悟，"这有可能就是问题的关键所在。行，你先去看看你的动物们吧，它们在×××号病房。"

杨叶："谢谢医生。"

病房里。

杨叶："同志们，我们所得的病是噪音造成的，所以我们必须要克服噪音，你们说是不是啊？"

杨叶保持那个动作一分钟过去了……没有回应。

杨叶保持那个动作五分钟过去了……依旧没有回应。

十分钟过去了……还是没有回应。

茵月："还真是坚持不懈啊！"

阳光："太不容易了，他不累吗？"

此后……

杨叶："喂，你们是谁在我做这个动作的时候，从后面给我喷上了固化剂？啊？"

## 五　灾难的来临

1. 灾难前奏曲

"嘟嘟嘟！嘟嘟嘟！烦死了，怎么一天到晚都是车喇叭声？"茵月不满地说。

星辰更是不满，"就是！怎么这么吵，唉！我有点怀念不可思议村庄了。"

阳光已经蔫儿了，"怎么这么吵啊！"

云朵已从"不满"到"太满"，变得精神失常，"呵呵呵！太棒了！我就喜欢这喇叭声！真好玩！呵呵呵！"

杨叶："完了，最淡定的云朵都已经被吵疯了，唉！"

小伙伴们完全没有注意到他们忽视了一个人的存在，不，是一个动物的存在。

凌湖依旧在睡觉，完全与世隔绝了。

星辰佩服道："真是牛啊！这都能睡着！我要当你徒弟！"

茵月："是不是上一次的治疗对她产生了很好的效果？"

杨叶一拍头道："啊！我想起来了！上次，那个医生给了我一个纸条，那上面就写着怎样避免噪音。"

茵月："那快找啊！"

杨叶："找到了，我读一下，1.多种树木；2.在源头处有效制止噪音；3.也可以搬到噪音较少的郊区；4.捂住耳朵等。就这些方法。"

星辰："那我们赶快试试啊，但第三条应该不行吧？"

云朵："废话！"

2. 灾难来临

“啊！吵死了！那个死老头说什么拯救地球，怎么拯救啊?”茵月又在旁边发牢骚。

星辰突然想起，“我还有长老临走前给我的无线电话，哈哈，我先给长老打个电话!”

嘟嘟嘟……

“谁啊？我正在玩CS呢，快赢了，先挂了!”长老说完就急急忙忙地挂了。

星辰在一旁比画着。

阳光着急道：“辰，长老说什么？你怎么一句话也没说他就挂了?”

星辰一拳砸在茶几上，“长老说他在玩CS!”

杨叶：“淡定，淡定，因为你砸坏的是我家的茶几。”

星辰：“Sorry！长老竟然在玩CS，气死我了!”

杨叶：“你也别太生气了，伤肾啊!”

随后星辰又加了一句：“他……他怎么不带上我一起玩!”

N分钟后。

小伙伴们突然听到“轰隆”一声，地面开始剧烈摇动，房屋已塌了一半。

这时，小伙伴们才反应过来，都急忙逃了出去，躲到了不远处的一块岩石后面。

他们看到这个城市里的东西都在渐渐地消失，紫黑色的天空显得异常可怕，天空的尽头冒出了一个70米高的大怪物，他的嘴巴就像一个喇叭“轰！轰!”地叫着。

## 六　拯救

星辰吓得急忙给长老打电话，“长……长老，我们这里有了一个大麻烦。”

长老：“哦，是不是出现了噪音怪物?”

星辰（疑惑）：“咦？长老你怎么知道的?”

长老（从容）：“是我在打CS时，我们村的预言家告诉我的。”

星辰：“啊！那怪物发现我们了！快逃！到那边的树丛里去！老……老头，

快告诉我打败他的方法，否则我们就要被他秒杀了。”

长老（愤怒）：“你敢叫我老头，回来时看我怎么整你。不过看到你们现在有难，我就告诉你们方法吧。这个怪物是噪音的合成，由于城市中的人们没注意到噪音的重要性，所以出现了这个怪物，但噪声和音乐是不一样的，音乐是有规律的悦耳动听的声音，能使人愉快、兴奋，噪音只会给人们带来痛苦，所以音乐可以制止噪音怪物。明白了吧？我把方法告诉你们了，你们可不要让我失望哦。”

星辰：“哦！明白了，谢谢长老！”

星辰与小伙伴们在噪声怪物多次吼声的刺激下，终于，想出了方法。

小伙伴们决定让茵月对着他唱歌，但如果在地面唱的话，怪物会听不到，所以她要飞到怪物的正前方去唱。这么做好是好，但就是很难飞上去，小伙伴们意识到这个问题后，便不顾自己因为噪音产生不良反应的身体，急忙去吸引怪物的注意力。

茵月好不容易才飞了上去，唱起了动听的歌曲。

在人们的口中，
噪音不算什么。
什么时候，
才想起它的重要性。
就在此刻，
人们突然意识到了，
无噪音的环境原来可以这样安宁。
呜……呜……呜……呜……

“歌声好美啊！”无数人被茵月的歌声打动。

“啊——啊——”只见那怪物发出痛苦的凄惨声，瞬间化为了一片泡泡，随风而去。

这时，天空中浮现出一道彩虹，几个小伙伴们都会心地笑了！

## 七　我们永远是朋友

“哈哈哈！别闹了！叶子别追我了！哈哈哈！”凌湖在沙滩上大叫着。

阳光也来凑热闹，“你们在玩抓人游戏吗？我也参加！”

“不是吧！你们二对一，赖皮！”凌湖不满地叫道。

这时茵月也来了，听到他们的对话后，说：“湖，我和你一起，看我们谁赢得过谁！”

“好啊！哈哈哈！GO！GO！GO！”凌湖大笑着。

长老：“呵呵，他们总是那么无忧无虑，看着也开心！对了，云朵，你怎么不去和他们一起玩！”

“我可不想晒坏了皮肤。”躺在遮阳板上的云朵答道。

“朵，一起来玩啊！”茵月拉起云朵就往海边跑。

“喂！我不是说我不想吗！啊！谁泼我？”

阳光（做着鬼脸）：“是我啊！嘻嘻！”

“你敢泼我，看我不灭了你！”云朵说着便追了过去。

这时，在一旁早已等得不耐烦的星辰说：“我也要来了！快闪开！嘭！”

星辰跳入水中后，被喷了一身水的其他小伙伴异口同声地说：“你该减肥了！”

云朵：“就是！看我的毛都被弄脏了。”

阳光：“到了现在还那么注重形象啊！不对，你什么时候有过形象啊！”

云朵：“你欠揍啊？”

阳光：“啊！大侠，我错了！我投降！”

云朵：“投降无效！看我今天怎么整你！”

“哈哈哈……”正在看免费武打剧的其他小伙伴们都开心地笑了起来。

这时，大海蓝天、碧空白云都一起见证了他们的友情！

不可思议村的故事还会继续……

# 后　记

## 那些时光……

王姝然

时间飞逝，白马过隙。

转眼间那些美好已成为回忆，现在回想起来那时的我们会不禁轻声笑起，那时我们的坚持，我们的欢笑，还有挫折来临时我们的团结，都让现在的我回味无穷。

我在写这个故事时，曾多次想放弃，但每每看到老师和朋友们的汗水，看到爸妈期待的眼神，我都会咬牙坚持下来，在心里鼓励自己："王姝然，你可以的！不要放弃！否则你就失败了！"就这样，我一步一步地走到了这里，回首过去，没有后悔，只有快乐！

塑造人物，是我最纠结的时候。我希望我所塑造的人能够进入你们的心，能够被你们真正地喜欢。这，是我的心愿！

当我在写故事时，每写完一句都要斟酌半天，我这次写的不仅是故事，还有我对人们的呼吁，呼吁人们要爱护地球，保护环境，毕竟我们就只有一个家园啊！

最后，我希望你们能喜欢我的故事！

# 那片奇幻的森林

作者：赵海涵　尹文潇

插画：王昭昕

## 作者简介

赵海涵，热爱文学，爱做白日梦，平常喜欢写写文章、画画画、喝喝茶、上上网、看看书，经常和闺蜜们逛街、聊天。获得过新华书店杯二等奖，文章曾在报刊上发表。

大家好，我叫尹文潇，今年13岁了。看到我们自编自导的童话故事，想必大家就会认为我的性格很活泼，其实在现实生活中我们不仅活泼并且还有非常丰富的想象力。所以在我们的环保大家庭中，每天都充满快乐。我最大的梦想就是成为一只生活在森林中的小鸟（当然，前提是没有猎人）。无忧无虑，与同伴们整天腻在一起。我喜欢环保，我认为保护地球村是每一个人的责任，只有这样，我们才能像小鸟一样在湛蓝的天空中，向着自己的梦想飞翔……

## 画者简介

我叫王昭昕，爱好漫画、街舞。我是一个爱好公益的人，每次看到地球上的生命受到侵害，我的心就会疼痛，我想用我有限的能力来帮助他们。

## 引　子

在那片不平凡的森林中，生活着一些不平凡的精灵，没有一个人知道在巴西的热带雨林中竟有这片奇幻的宝地……

682年，塔尔丝王国中一片混乱，不见天日，没有一片生机。精灵们过着颠沛流离的生活。没有露珠喝的日子，没有食物吃的日子，那是怎样的难过啊！

与此同时，沙漠女巫正在注视着散发邪恶的水晶球，露出了一副得逞后的阴险笑容。国王也因此生了大病。

这时，出现了正义天使，国王连忙下床给她跪拜，求她救救他的子民和王国。好心的正义天使说，要拯救王国，子民们必须要团结起来，并告诉了他们方法。

从此，王国又重新繁荣、富强起来……

## 一　灾难再次降临

××宫殿中，神秘的蓝水晶球再次发光，整个王国陷入一片混乱之中。国王查遍了宝殿中所有关于灾难的书籍，终于查到了三千年前的那个灾难。

“哦，上帝！难道那个邪恶的女巫又回来了吗？难道又要来破坏我们的家园吗？”

## 二　颠沛流离的生活

国王失落地走在大街上，此时整个森林中已经是一片废墟，每个精灵都痛苦不堪，他们妻离子散，没有自己的家。

他们饥肠辘辘，没有充足的食物，小精灵们找不到自己的亲人，每个家庭都支离破碎。国王不忍心再看到这样的场景，于是命令士兵们把他们带到皇宫的后花园，让亲人来认领。

国王身边的大臣——也是沙漠女巫派来的奸细察斯说道："国王，我有一个办法能拯救我们的王国！"

"什么？快说，若有办法，我必有重谢。"

"哈哈，国王，很简单，就是让您那领养回来、与其他精灵不同又有超能力的孩子来拯救我们的王国。"

"什么？这……"国王皱紧了眉头，陷入了思考。

"怎么？国王您还在犹豫吗？作为一国之君，您不能有私心的啊！为了王国的千万子民，您难道还在犹豫吗？但是，您不要忘记，那三个孩子可是有超能力的啊！"

"是啊是啊，国王您要三思啊。"

"国王，您可要救救我们的王国啊。"

……

"大家静一静，不要吵了。好！下个月，让三个孩子出发，前往救国之路！"国王眼里噙着泪水答应了。而在一旁的察斯，却得逞地笑了，而他和沙漠女巫万万没有想到……

## 三　伟大的使命

大臣们与国王同在大殿中。

"查理、贝珍、薇儿，我三个优秀的孩子，当初是我把你们带进皇宫，你们才活了下去。现在是你们报答我的时候了，我要你们飞到撒哈拉沙漠，打败沙漠女巫。一旦成功，你们将会得到千万精灵的爱戴！但你们一定要保证自己的安全。”

“我们会的，国王，我们认为这不仅是报答，更是我们义不容辞的责任。我们一定会战胜邪恶，并将邪恶之人碎尸万段！”查理一边说一边在心里暗暗嘲笑早已被吓得脸色苍白的察斯。

“好，不愧是我的子民，我相信你们，那你们快去准备吧！”

三日后，当黎明的第一缕阳光升起的时候，贝珍在认真计算飞行时所用的飞行粉，薇儿正在检查准备好的水和食物，一切准备就绪。

临走的那个晚上，月亮高高地挂在天空，出奇的明亮，照得整个大地一尘不染。大榕树洞中的薇儿还是不放心，把水、苹果派和草莓饼干统统装进了布袋，又把贝珍准备的东西装进去，才放心地躺下睡觉。

第二天，当阳光升起的时候，王国里一片沸腾，人们穿戴好新衣，一同来到了空地。

“我亲爱的孩子们，你们准备好了吗？记住，不管遇到什么事情，塔尔丝王国的大门永远为你们打开！去吧！”

“是！国王！我们一定不会辜负您对我们的期望，不管前方的路多么凶险，一定完成任务，使王国恢复安宁！”三人一同说道。说完，白色的氢气球在众人的注视下，缓缓升空……

一路上的风景很美，三个精灵却无暇顾及。当晚的天气很凉爽，月亮周围云彩缭绕。在马上接近撒哈拉大沙漠的时候，突然刮起了一阵大风暴，黄沙漫天飞舞，月亮被笼罩起来，氢气球被刮得摇摇晃晃，随时有坠落的危险。

“糟糕！氢气球要是坠落在大西洋里怎么办？怎么会有这么严重的沙尘暴？”薇儿向同伴们大声说道。

“难道这就是国王说的‘土地荒漠化’的危害吗？这里可距离沙漠几千公里啊！”贝珍焦急地说道。

“嘿！伙伴们，千万别慌，听我说，我们先把热气球稳住，千万别让它坠落。”临危不乱的查理知道现在是关键时刻，既然出来冒险，就必须有一颗顽强的心和一副机智的头脑，更何况他是这里唯一的男子汉，要保护比他弱小的精灵。说完，氢气球又是一阵剧烈的摇晃，不由得让三个精灵嘘了一口气，一颗心狂跳不止。

“按现在这种情况看来，必须要降落了。贝珍，用望远镜看一下最近的岛在什么位置，然后把飞行粉用牛皮纸包好。薇儿，你把食物和水拿好，准备降落！”查理不得不发出命令。

“查理！在前方大约500米处有一个小岛，岛上应该可以降落。”贝珍观察完报告道。

“不过氢气球好像不听使唤了。”

“怎么办？下面可是大西洋啊！大西洋平均深度为3575.4米，这要掉下去……”薇儿急得哭了起来。

“薇儿，不要哭，记得泰罗哥哥给我们的‘三个圈’吗？泰罗哥哥说这个在紧急的情况下可以套在身上！”

“对，贝珍你说得对，现在系氢气球的绳子快要断了，快拿来，我们一起跳下去。”

“好。”

扑通，扑通，扑通。

“查理、薇儿，你们在哪里？”

“我们在这里，太棒了，我们浮在水面上了。”

“嗯，但是风太大，这可不是一个好兆头，我们得赶快游上岸。”查理说。

可是已经晚了，一个巨大的浪头像猛虎一样扑打过来，好似要把他们吃掉，呛得他们直咳嗽，有一个浪打过来，风刮得更加猛烈了，天上大片大片的乌云向他们聚拢过来。因为绳子断了，氢气球已经落在不远处的小岛上。贝珍在浪花中死里逃生，急忙向小岛那边游去。

然而，弱小的薇儿为了保护食物，离小岛越飘越远，急得大声呼救："查理！贝珍！你们在哪里？救命啊！"话音刚落，又是一个巨大的浪头，把薇儿抛向空中，又落向海底……

查理还算幸运，紧急中抓住了一根枯柏树枝，他伏在上面，用刀子当船桨，向小岛划去。

依然漂浮在海面上的薇儿，拿出临走时哥哥送的口哨，猛地吹了一下，声音虽不大，但也足够让小岛上的查理和贝珍听见了。聪明的查理将热气球上已经断掉的绳子抛向海面，薇儿迅速抓住绳子，靠着岛上查理和贝珍的力气被拉上了岸。精疲力竭的三个精灵，在坏掉的热气球中沉沉地睡着了。

第二天清晨，海面上笼罩着一层薄薄的白雾，白雾中的小水晶和冰晶使空气十分清新。平静的海面泛着朵朵浪花，徐徐的海风吹着岛上的每一片土地，空气异常清新，仿佛昨天晚上什么也没有发生过。

首先醒来的是被饿醒的查理。

"嘿！伙伴们！快醒醒，这地方可真是风水宝地啊。"

睡眼惺忪的贝珍和薇儿被突然叫醒，不禁抱怨了一句，可是两个精灵都被眼前的这个地方惊呆了：这里的树木是那么的郁郁葱葱、青翠欲滴。几棵椰子树上有露珠，查理扇动着翅膀，在树上开始喝露水。贝珍跑到叶子上玩"滑梯"，薇儿全身都趴在椰子上。

"天呐！太漂亮了，这里可比咱们的王国都好啊！"薇儿不禁感叹道。

"唉，美归美，但从昨天晚上到现在，我们可是什么东西都没有吃啊。再说，热气球已经不能飞行了，我们要另找办法飞向沙漠呀。"查理捂着肚子面露难色道。

"呵呵，好啊。"薇儿一边说一边打开牛皮袋，把食物拿出来。贝珍急忙把飞行粉拿出来，看有没有弄湿，查理把身上带的工具和氢气球里的东西拿出来。

当太阳终于从海平线上跳出来的时候，海面上的白雾才慢慢退去，三个精灵在草地上享受着美味的苹果派。

吃完早餐之后，贝珍在观察小岛的情况，查理从小岛周围捡来了一些枯树枝，薇儿从树上摘了一些野果，说要制成果酱，容易保存。

时过中午，太阳毒辣得很，三个精灵时不时地喝水，不然这么热的天，很容易中暑。查理很快就把用过的“三个圈”，改成了一个能漂浮在海面上的小船，声称天气好的话，吃过饭就可以启程了。

“薇儿，快来帮个忙，把这个小船的绳子从那钉子上取下来。”查理吩咐道。

“好的。”三个精灵用尽吃奶的劲，终于把小船推到海面上了。

小船里应有尽有，吃的、穿的、用的样样都具备，贝珍笑称查理是个修理工，薇儿是个杂货商。查理没有给予太多的回复，只说“开路”。

小船摇摇晃晃地向着撒哈拉沙漠进发，一连几天风平浪静，三位精灵的心像一块大石头似的，终于落地了。

“查理！我们走了这么长时间应该快到了吧？”贝珍着急地说道，怕他们多耽误一天，王国中的子民和国王就会多一天的危险。

“应该快到了。贝珍，望远镜。”

“伙伴们，我们到了，再大约过一个小时，我们就可以上岸了！”终于在近一个小时后，他们在撒哈拉沙漠登岸了。

“太棒了！让我们现在就寻找沙漠女巫，开始冒险吧！”

冒险当然要全副武装。查理把一把磨得尖锐、发光的刺刀别在身上，手里提着一盏马灯；贝珍戴上了一个亲手缝制的探险帽；爱漂亮的薇儿特意穿了一件玫瑰色的连衣裙，后面的背包鼓鼓的，装满了食物和水。就这样，他们开始了一次惊心动魄的大冒险。

# 四　我们一起拯救吧

也许是因为飞行粉的缘故，三个精灵的飞行速度很快。飞了几天，远远地看见前方有个宫殿，周围有成千上万的枯树和蝙蝠，天上的云彩黑压压的，不禁让精灵们打了个寒战。

“查理，你瞧，这个城堡可真怪。”在研究地图的贝珍说道。

“为什么通往城堡的每一个地方又都连着另一处呢？好奇怪呀！”

“我们现在应该在榕洞吧？国王说，穿过那里就可以到宫殿，打败女巫，穿过魔镜，拯救森林！”

“好，伙伴们，你们准备好了吗?”查理问道。

“准备好了！”

“出发！”

一盏小小的马灯为三个精灵照亮了一条道路。幽暗的灯光在硕大的洞中显得更加凄凉。洞中显得很久没有任何生命来过了。墙壁上有蜡烛风干留下的痕迹，墙角有厚厚的蜘蛛网，时不时有几只老鼠拖着胀胀的肚子蹒跚地走过。

在马上要走到隧道中间的时候，三个精灵遇到了一个麻烦，在那儿有守卫看守，而他们就是沙漠女巫的手下，若是硬闯，当然是必死无疑。因为前方是一条羊肠小路，路的两侧全部都是枯萎了的树，若是失足掉下后果不堪设想；若是把守卫引开，也很冒险。

这次，查理的机智头脑又派上用场了。查理用小刀将墙壁上蜡烛燃烧后的灰烬轻轻刮下，让贝珍把蜘蛛网缠成类似毛绒的一团球，又把薇儿的小镜子缠上了一些凌乱的蜘蛛丝。一切都吩咐好之后，查理走向了两个守卫。

“嗨！两位帅哥，我遇到了一些麻烦，可以来帮帮我吗？”

两名守卫很是困惑，自古以来，许多自称勇敢的冒险者，都想方设法地要得到魔镜，却从来没有精灵成功。而眼前的这个精灵，衣着华丽，神情潇洒，又用如此特别的方式招呼他们，好奇之下，他们不禁朝着查理走了过去。

“什么事情？如果你也想得到魔镜，我劝你早些离开，不要在这里等待死神的召唤！”其中一位恶狠狠地说道。

“哦？不是不是，我想您一定误会了，我只是一个跑腿的。不过，在前方有一个女巫，声称要得到魔镜，不信您看。”说着，查理指向前方的墙壁。紧接着，一个面露凶狠的“女巫”出现在他们眼前，乱蓬蓬的头发，手持尖刀，上面冒着缕缕青烟，让两个守卫不禁打了个寒战。

“若你们不快快把魔镜的地点告诉我，我这就取了你们的性命！”

两个贪生怕死的守卫两腿一软，跪在地上哀求道：“求求您，不要杀我们，我们告诉你便是了。那魔镜根本不在魔镜殿，而是在宫殿的顶层，不过有重兵把守，连只苍蝇都难以飞进去。”

话音刚落，两个守卫已经倒在地上：贝珍手持一个大榔头，狠狠地朝两个守卫背后砸了下去，把他们打晕了。其实，根本没有什么女巫，那女巫其实就是薇儿的梳妆镜，用蜘蛛网做了些头发，身上的裙子用蜘蛛丝缠在一起，而那尖刀就是查理的刺刀，并用蜡烛的灰烬点燃，做了些青烟，然后用马灯把影子投在墙上。

“哈哈！好笨啊！”薇儿觉得很有趣。

三位精灵继续向宫殿进发。

“你们有没有听到有人在求救？”薇儿说。

“哇！薇儿，你的耳朵也太好用了吧！我们怎么没有听到？难道你出现幻听了吗？”就连查理都摇头表示否认。

“真奇怪啊……”于是，大家又小心翼翼地向前走，可求救声越来越大，就连查理和贝珍都听见了。这黑漆漆的地方，又有这么多的房间，怎么找到这声音的来源呢？

“下面就由大侦探查理来揭开这个真相吧。”查理一本正经地说，让贝珍和薇儿忍俊不禁。

“贝珍，把夜明珠拿出来。”

“哦哦哦，对对对，怎么忘了这个呢?”

果真，夜明珠顿时使黑暗的隧道亮了起来，惊起了正在休息的蝙蝠。

查理站在隧道的中间，闭上眼睛，心里默念“大脑定位，捕捉方向”，不一会儿，查理就说：“跟我来。”

贝珍与薇儿瞪着双眼不敢相信，她们从来没有觉得查理如此聪明，让她们如此有安全感。

查理感到不太对劲，帅气地一回头，见她们还傻傻地站在原地，便在心里笑了。

“快点啊!”

不一会儿，他们便找到了声音的来源。他们从铁门的缝隙中看到了一个小男孩，浑身脏兮兮的，他独自坐在房间的角落里，手臂抱紧双腿，脸垂在双臂间。

“好可怜啊。我们救他出来好不好?”贝珍说。

“不行，他一定是沙漠女巫派来的奸细，他一定是想抓住我们。他是人类，人类只会破坏我们的家园。既然人类这样无情，我们何必要救他呢?”

此时，小男孩听到了他们的对话，抬起了头，用水汪汪的眼睛看着他们。

“不，不可能。我从他的眼中可以看出他是善良的。你看他那双深邃的眼睛，明亮而乌黑，只有善良的人才会这样。他是个好人，或许他能够帮助我们。”贝珍说。

这时，小男孩站起来向他们走过来，三个精灵赶紧连连后退。

“我叫鲁格，不要怕，我不会伤害你们的。我是沙漠女巫的仆人，我不小心做错事，被她关在这里了，我想逃回家。”小男孩眼中慢慢流出了泪水。

“我是被沙漠女巫抓到这里来的。从前我和我的爸爸妈妈快乐地生活在森林里，沙漠女巫破坏了这片森林，把空气搞得很浑浊，不见天日。我很想回到爸爸妈妈的身边。”

薇儿说：“我们一定会把你救出去的。”

他们从包里拿出一根铁丝，把门撬开了。小男孩脏兮兮的脸上露出了甜甜的笑容。

“谢谢你们相信我，快躲进我的口袋里，这样太危险了。”他们躲进小男孩的口袋中，只露出了个小脑袋。他们继续向前走，但由于夜明珠太亮了，在这个满是黑暗的隧道中，他们显得格外显眼。隧道中弥漫着一股刺鼻的味道，蝙蝠到处飞。

“喂！你是谁啊？”一个庞大的身体挡住了他们的去路，鲁格一头撞到了“大块头”的肚子上。查理发出了“啊”的一声尖叫。

“唔，不好。”鲁格赶紧捂住了他的嘴。

查理也觉得大事不妙，所以，他独自钻进了这个“大块头”的鼻孔里。

“哈哈，痒……痒死我了，快点给老子出来，不然，我让你吃不了兜着走。”这个“大块头”把手指拼命地伸进鼻孔，不过还是被痒得前仰后合，他可怜又可笑的样子，让鲁格笑得直不起腰来。

“呃，恶心，你以为我想来啊？这是什么，好黏，我好像飞不动了……”

查理挣扎了好长时间才进入了“大块头”的大脑。

“哼，看谁让谁吃不了兜着走。哈哈，难怪真么笨，原来脑子真的少了根筋，反正这么少，再少一根也差不多嘛！”接着他就上去吱了一口，这下子“大块头”就再也说不出话了。

查理很快就飞了出来，贝珍和薇儿在外面迎接他。

“唔，你真勇敢，可要把我们吓死了。”薇儿嘘了一口气。接着，鲁格拿起一根木棒把“大块头”打晕了。

“啊！好险啊！这里的路我比较熟悉，都跟我来，我想我们应该快到了。”又过了一段时间，他们终于来到了城堡的大门前。

大门一开，他们都惊呆了，呈现在他们眼前的只有一条仿佛没有尽头的路，而铺设路的地毯是血红色的，甚至看一眼都会感到恐怖，它就像是用鲜血染红的。这红地毯越看越像一条血河，没有波澜，流向远方……

“薇儿，贝珍，如果我们继续走下去，注定会有重重困难，你们决定了吗？”查理问。

“嗯，是的，我们决定了。虽然我很怕，但是为了王国，为了同胞，我们要继续走下去，义不容辞！”

这时，他们听到有人在唱歌。

鲁格说：“走，我带你们上去。”

他们来到沙漠女巫的浴室门口，从门缝中看到她正在用沙子洗澡，空气中充满浓郁的香气。

“好机会，沙漠女巫在沐浴完之后总会喝一杯葡萄酒，我们……”这时，查理不知道从哪里拿出了一杯葡萄酒，嘴角露出了一抹狡猾的笑容。

宫殿中弥漫着一种奇怪的味道，使三个精灵和鲁格的胃里翻山倒海，他们狂吐不止。

“天呐！这是什么味道啊，好恶心啊。”身体虚弱的薇儿说道。

“这是那恶毒的沙漠女巫用仆人的鲜血制成的解毒丸，她吃了这个，再吃一般的毒药都不会有事的。”鲁格皱着眉头说道。

“什么？“听到这句话的查理顿时像泄了气的皮球。

“不过，宫殿的地下室里有解毒丸抵抗不了的毒药。但是要想得到，我们可能会付出生命的代价。你们……确定继续吗？”

“我们不怕，我们要团结在一起，拯救家园，打败沙漠女巫！”三个精灵异口同声地说，眼里透着不可抗拒的力量。

“那我们先找一个地方休息，等沙漠女巫睡着了再行动。”

此时，浴室里的歌声戛然而止，臃肿的沙漠女巫披着一件浴袍向卧室走来。

“杰瑞！今天宫殿巡逻了吗？”

“已经巡逻了，没有发现任何可疑情况。”

“哈哈！那些想得到魔镜的人终于知难而退了，啊哈哈！魔镜终于是我自己一个人的了，没有人能夺走！”沙漠女巫那诡异、恐怖而贪婪的笑声回荡在城堡的每一个角落，让人不寒而栗。

宫殿中的钟表响了十二声，“咣——咣——”

小伙伴们在昏暗的灯光下躲躲闪闪，长长的影子投在大地上，一不小心就会被发现。

“好了，现在我们坐电梯到地下室，在下降的过程中，千万不能呼吸，一旦呼吸，就会被发现。”

电梯显然安装很久了，生锈的斑迹，溅出的鲜血，运行起来“吱呀吱呀”的声音，不禁让他们打了一个寒战。

“叮。”电梯的门在负七层打开了，琳琅满目的各种实验溶液映入他们的眼帘。

“鲁格，我们现在怎么找到那种溶液？”

“据我所知道的信息，那种药水是用鳄鱼的眼泪和女巫的鲜血混合制成的。”

“你说什么？沙漠女巫的鲜血？你可别开玩笑啊！”贝珍大声说道。

“好了，大家都不要着急，咱们先找到‘鳄鱼的眼泪’吧。”鲁格吩咐好之后就在橱柜中找了起来。过了一会儿，只听见在门口放风的薇儿小声说道：

“大家赶紧躲起来，有人来了！”

而正在这时，查理找到了鳄鱼的眼泪，它发着淡淡的蓝色，瓶中还笼罩着神秘的白色雾气，听到薇儿的话，他赶紧拉着贝珍躲到了橱柜的后面。鲁格是人类，身体比精灵大得多，只能躲进大钟盒里。

“奇怪，怎么声音又没了？我们快走吧，一旦他们进来我们就很难逃出去了。”

精灵身体矮小，活动很方便，而鲁格太大了，所以只能磕磕绊绊地跳出大钟盒。他们走入电梯，屏住呼吸，红灯从地下七层到一层，可谁知刚开门就有一个高大的身影挡在门口，查理、贝珍、薇儿赶紧躲进了鲁格的口袋，鲁格也惊慌地看着这个大巨人。

“哈哈，精灵们，想跟本女巫玩躲猫猫吗？上帝呀，真是有眼不识泰山，接下来就让波比跟你们玩吧，波比好好享受你的美味哦。对了，看你们可怜，对你们说了吧，魔镜就在我床下，哈哈哈……”沙漠女巫得意地拿起高脚杯，将杯沿靠近自己红得不能再红的嘴唇，然后扭着肥胖的身躯走开了。

这一幕真让鲁格和三个精灵狂吐，弄不好能把上辈子吃的饭都吐出来。

此时，鲁格感到头上黏糊糊的，抬头一看，原来是这个大巨人的口水，然后，大巨人笨拙地向他们扑过来。

“啊！”鲁格赶紧从大巨人的胯下爬了过去。

“可恶，小鬼别跑！”

鲁格的跑步技术虽然比不上精灵，但跟这笨拙的大巨人比起来，速度还是绰绰有余。

鲁格一口气跑到大厅，终于把这个大巨人给甩掉了。可是，只听见“轰，轰”的声音，地面剧烈地摇晃。

“难道是地震？天呐，快跑。”可是已经晚了，地面在快速上升。

鲁格根本站不稳，干脆紧紧贴着地面。

“查理，这怎么办？”

“这是个陷阱。”

这时，这个地面已冲破屋顶，悬在半空，风很大。风对他们来说就像是一只只老鹰似的直冲过来，使鲁格浑身火辣辣地疼。

查理出来了，不过他还是要紧紧地抓住鲁格的衣服，以免被风吹飞了。薇儿和贝珍也从鲁格的口袋里站出来，但她们却因没有及时抓住鲁格的衣服而被风吹跑了。

“不，不，不要出来！”查理吼道。

可是晚了，“救命呀！”

鲁格好不容易才抓住了贝珍，可是薇儿却像一只断了翅膀的小鸟，随风飘走。

“救命，查理，救我……”这声音越来越弱，越来越远……

“不，不，薇儿……”查理接近疯狂似的吼叫道。

鲁格试图抓住薇儿，但这是不可能的了，鲁格伤心地趴在一块大岩石上呜咽着。

“你们输了。这是不是你们的朋友薇儿？真漂亮。”

沙漠女巫让大风停了下来。她趾高气扬地坐在宝座上，脚下是晕过去的薇儿。

鲁格，查理，贝珍，重重地呼出一口气，他们心中的大石头终于落了下去。但他们现在成为沙漠女巫的囚徒，心情还是很沉重。

“不要再做无谓的挣扎了，都是白费的。我要让全世界都变成沙漠，没有人可以阻挡我……”

“为什么？”

“因为人类和我是一伙的，他们对森林的破坏力极大。世界上的森林正以每年1800万—2000万公顷的速度消失。就凭你们，能够改变吗？真是笑话！只要你们肯加入我们，我就把薇儿还给你们。怎么样，这个交易，很合理吧？”

“哼，可恶的老妖婆，不可能！”贝珍朝沙漠女巫做了个鬼脸。

“对，不可能！如果失去了精灵们赖以生存的大森林，水从地表的蒸发量将显著增加，地面附近的气温会上升，降雨时空分布相应也会发生变化，气候就会异常，造成局部环境的恶化！地球是我们共同的母亲，现在全球四分之一的面积都已经被沙漠化了，人类一定会后悔的！因为，如果全球都沙漠化了，就相当于世界末日的到来，他们的子孙就会一个一个地死去。如果你们继续破坏森林，在不久的将来，你们也都会引火上身！”查理大声地说道。

“对！还有，森林对调节大气中的二氧化碳的含量也有重要作用。地球上的森林，每年能吸收约15亿吨的二氧化碳，相当于化石燃料燃烧释放的二氧化碳的四分之一！你指使人类砍伐热带森林，是在破坏大气层！你没有感到你自己很卑鄙吗？”鲁格气愤地说。

“对森林的过度砍伐会使水土流失，土质沙化，很多物种会因此失去自己的家园！你这个大坏蛋，我们绝不会向你屈服的！”贝珍坚定地说。

“哼，敬酒不吃吃罚酒！看招！”沙漠女巫说着，举手召唤出一阵沙尘暴。这里顿时飞沙走石，这几个小伙伴眼睛都睁不开了。

“臭女巫，你以为就你有招数吗？嗨！看招！”原本躺在地上的薇儿突然醒过来，她抡起背包就砸向女巫。女巫没有防备，一声惨叫，脸上顿时一片火辣辣的疼痛。

“小妮子，就凭你也想对付我？哼！”女巫让风暴刮得更加猛烈了，伙伴们不得不迅速抓住身边的建筑物，好让自己不被风刮走。

“查理，现在我们该怎么办啊？快……快点想办法啊！”

“你记得鲁格说的话吗？贝珍，把我的尖刀拿出来，扔向女巫。”

“好！”说着，贝珍小心翼翼地向女巫靠近，抽出尖刀，看准女巫所在的方向，用尽全身的力气，投向女巫。

“啊———”只听一声凄惨、诡异的叫声，紧接着，查理以迅雷不及掩耳之势飞向女巫，拔开装有鳄鱼的眼泪的瓶盖，对准一个急速下降的血珠。

“啪”的一声，女巫的鲜血滴进了瓶子。

“轰！”一声巨大的声响，好似要震破他们的耳膜。沙漠女巫心想：“这群小鬼又在干什么？幸好只是划伤了胳膊！要赶快回去包扎伤口，以免留疤。至于这群小鬼，什么时候收拾都行！哼！”

次日清晨，首先醒来的薇儿揉了揉双眼，被惊呆了，四周全都是广阔的沙漠，查理、贝珍和鲁格全都躺在地上。薇儿把他们叫起来。他们茫然地走着，想先找到一个标志，没过多久，十分口渴的他们找到了一个湖泊，大家快步跑过去喝水，并从地图上找到了他们所在的地方。

不久，他们又回到了这个充满仇恨与黑暗的城堡。大家都知道，打开这个大门就是决一死战的时候。

查理拔出宝剑，坚定地打开了大门。这里的一切都好像被精心设置的一样，等待着他们走入陷阱……

到了顶层，“哇！我是在做梦吗？这就是我朝思暮想的魔镜吗？”薇儿欣喜若狂地说道。

“不，快走啊，这不是魔镜，这是陷阱！”可是已经晚了，女巫那恶毒的声音响了起来：“哈哈！很聪明啊，不过可惜了，你们觉悟得太晚了。因为你们太过执拗，只好送你们上西天了。”

接着，女巫拿着长长的剑向他们刺来。薇儿急忙把包里的东西乱翻一气，惊奇地发现有一根魔法棒，于是不管三七二十一就拿它指向女巫，谁知道这一根小小的魔法棒竟把女巫攻击出好几十米远。

“这不是只有精灵国王才有的魔法棒吗？”贝珍说。

“如果你们信得过我，就让我来跟沙漠女巫对抗吧。”鲁格说。

“嗯。我想，这是唯一的办法了吧。”

“来吧，我不怕！”只看见一道紫色的气波从女巫的魔法棒发出，“轰”的一声把鲁格打到了很高的峭壁上。鲜血顿时从鲁格的嘴里流出。鲁格艰难地站起来，将黄色的气波发向女巫。可是，女巫用紫色的气波抵挡住了，这强大的气势震撼着整个城堡。

“哈哈，你们的法力快要用完了。”

查理实在看不下去了，冲向沙漠女巫，他一口咬在沙漠女巫的手上，这一招真是致命的一击，可是沙漠女巫又使出了魔法。这种疼，撕心裂肺，查理感到自己快要不行了，鲁格看好机会，将所有的法力全部攻向沙漠女巫，沙漠女巫被攻击出了十几米远，而且，这次她的脸刮开了三个大口子。

查理被贝珍和薇儿扶到了一旁，不过查理还是弄得满身鲜血，鲁格不小心把魔法棒掉到了血泊上，谁知魔法棒竟然瞬间变亮，威力瞬间爆发。

鲁格太累了，躺在了地上，沙漠女巫爬起来，这次她彻底发怒了。只剩下贝珍和薇儿，她们一起抱起魔法棒，指向沙漠女巫。只听“轰”的一声，精灵、鲁格和沙漠女巫都被这巨大的冲击力打出了十几米远。

女巫消失了，这世界总算是平静了。

## 五　一切变得美好起来

不知过了多久，鲁格睁开了双眼，觉得浑身酸痛。

“啊！亲爱的宝贝啊！你终于醒了，快来喝点鸡汤吧。鲁爸，你快来啊！”鲁妈一脸温柔地看着鲁格。

“爸、妈，怎么是你们啊？太好了。那……那些精灵们呢？”

“什么？什么精灵啊？你怎么那么激动啊？”鲁爸一脸疑惑。

“难道，这是一场梦吗？”鲁格自言自语道。

“唔，什么东西？硌死了。”鲁格掀开枕头看见一个海螺，鲁格奇怪地把它拿了起来，放在耳边，耳畔传来了三个熟悉的声音：“鲁格，谢谢你帮我们打败了沙漠女巫，我们会永远记住你的，请看看你的口袋，有我们送给你的礼物。”

鲁格摸了摸口袋，原来是一个黄水晶。

# 囚 鱼

作者：赵天一

插画：王志凯

# 作者简介

赵天一，
目前就读于山东寿光世纪学校七年级。
热爱文字，热爱环保。
相信作家梦开始于《囚鱼》。

# 第一章

1492年。

初升的太阳柔和而又娇嫩，慵懒地把一束束阳光洒在波澜不惊的海面上，分成无数个金色的小块，海天一色。

远处仿佛有着“突哧……突哧……”的轮船声，划开了平静的海面。

多数鱼儿还沉浸在睡梦之中。当然，也有些早起的鱼儿好奇地露出小脑袋，探望着周围的一切。

那嘈杂的声音越来越近，鱼儿们害怕地钻回海底。

那不和谐的声音停止了。

鱼儿们吐水泡的声音也停止了。

海洋仿佛又一次恢复平静的状态。

这个碧水蓝天的地方，这一年第一次被人类发现，到这里的探险家赞不绝口。

但谁也不知道很久以后将会发生什么，幸运或者是……灾难！

1600年。

斑斑驳驳的阳光透过海面暖暖地照在鱼儿的身上，舒服极了。

只是……

隐隐约约的，好像又有轮船的声音。

一批又一批的人类正在上岸。他们对着海洋指指点点，兴奋之情溢于言表。

有了发现便会有发展，很快城镇、银矿区和传教团纷纷掘土而出。

2009年。

故事便发生在这时。

这是一条叫止止的鱼。

他从小生活在这片海洋中。这里广阔无垠，幽深美丽。

还有他的同伴们。

“止止，止止！”止止好容易从缠缠绕绕的水草之中奋力钻出来，便听见阿欢冲他喊。

阿欢也是一只鱼，是止止最好的朋友。

他们最爱干的一件事，就是每天透过玻璃似的海面，看着海岸边的人们。

“你看，生活在这里的人类每天划划船游游泳看看景色，多幸福啊！”阿欢艳慕地说。

止止倒没有觉得人类有多么好。毕竟他是条很容易满足的鱼，每天躺在杂乱的水草中，吃饱睡足后，可以懒洋洋地和阿欢嬉闹，偶尔和过路的小鱼小虾打个招呼，请他们去吃点心；心情好的时候，会去珊瑚礁那一带游一圈。

人类的生活，哪比得上我的自由自在丰富多彩啊！止止好笑地想。

“哗哗……”一张人脸出现在海岸边，随之一盆脏水泼了进来。

止止已经见怪不怪了。

他低头喝了一口水，接着“哇”地吐了出来，混合着许多沙粒。

这水，越来越难喝了。

止止听族里一些比较老的鱼说，以前这海里的水，可都是清澈得不带一丝杂质的水，甜甜的。

如果有机会，止止也很想喝那样的水。

“族长要开会了！止止，快些啊！”阿欢催促着磨磨蹭蹭的止止，还没等止止收拾好，便拖着止止游走了。

“我的……我的子民们，今天，我要说的是……”族长在上面滔滔不绝，止止只觉得想打呵欠。

他望了望四周，全是密密麻麻的鱼群。止止有点失落，自己只是这万千鱼众中小小的、被忽视的一员，是这海洋中最微茫的存在。

止止希望，自己可以有一天也能够发出万丈光芒！

## 第二章

又是阳光充沛的一天。

或许是腻了海底的生活吧，止止很想去海面上玩玩。

他叫上阿欢，游上了水面。

刚刚露出水面，一只燕鸥便紧贴着水面呼啸而来，吓得他们连忙躲进海中。

确定那燕鸥飞走之后，止止和阿欢才又小心翼翼地钻出水面。

可是一波未平一波又起，一张大网扑面而来。

啊！

他们两个不停地跳着，努力地想逃出去。

阿欢埋怨道：“止止，你干吗心血来潮想要来海面上啊……这可怎么办啊？”

“我……”止止委屈的话还没有说完，一只柔软的小手摸了摸他们。

止止吓了一跳，只见是一个大约五岁的小女孩正笑眯眯地望着他。

“鱼儿，鱼儿，你这是在跳舞吗？我真喜欢你呢！我常常做梦，如果我也可以成为一条鱼的话该有多好哇……自由自在，不受拘束……”小女孩温柔地说。

止止也很想对小女孩说，我也喜欢你。

可他更想对小女孩说的是，快放我们出去！

止止看向了海洋。

海水现在的颜色不算湛蓝，模糊地倒映着碧水蓝天，可那是他们的家啊！

小女孩仿佛看懂了止止的心思，笑一笑说：“好吧，就放你们回去，不过你要记着，要常来找我玩啊！”

接触冰凉的水的那一刻，止止感到了从未有过的舒畅。

“从今天开始，我们每天都要进行海上巡视，侦查人类的情况！”族长在第十次大会时，强调了这件事。

“这个星期就由红鲷进行检查吧！明天是润润，后天是莨莨……”族长兴致勃勃地安排着。

止止碰了碰阿欢，悄悄对他说：“你看，这样多威风啊！我也想巡视！”

止止想起了那个可爱的小女孩。

止止又游上海面。远远地就看着那小女孩站在岸边，仿佛在向他招手。止止想游过去，无奈海岸边堆满了垃圾，散发出难闻的气味。他厌恶地往旁边游，好不容易找到稍微干净的一处，瞧见小女孩也正往这边跑来。

“鱼儿，鱼儿，你终于来了！”

止止睁着圆圆的眼睛，正好对上小女孩清澈的双眸。

“我要走了！小鱼儿，你会不会想我啊？”她伸出手，轻轻地摸了摸止止的鱼鳞。

想到自己唯一的人类朋友也要走了，止止觉得很伤心。

他使劲看着小女孩天真的脸庞，想要把它刻在脑海中。

说来也奇怪，自从止止告别小女孩回到海洋后，海岸上也陆陆续续地走了许多人，逐渐安静起来。

可族长仍坚持每天进行巡视。

这一天，轮到加勒比海牛沙沙了。

是夜。

淡月笼纱，顰顰婷婷。月光如流水般洒在海面上，淡淡的，柔柔的。

沙沙只将吻部尖端露出水面，悄悄观察着。

有几个穿着黑色衣服的人，本是面无表情地看着，看清那是加勒比海牛时，不约而同并诡异地笑了起来。

直到深夜，沙沙也没有回来。

止止放心不下沙沙，偷偷游到海面上。

不料，止止竟看到那几个穿着黑衣服鬼鬼祟祟的人正拖着沙沙走！

止止不知道为什么他们要把沙沙带走，可他心中燃起了一股无名之火！

原来人类中并不是只有好人，也有坏人！

止止把他看到的这一切，统统告诉了族长。

而族长只是笑笑说："止止，快回去睡觉吧！别再想这些没有的事了，人类怎么会带走沙沙呢?"

止止见族长爷爷不信，只好失望地游回去了。

一天……

两天……

三天……

四天……

五天……

五天过去了，沙沙始终没有回来。

族长终于开始有些相信止止所说的一切。

族长的神色一天天地凝重起来，一面为沙沙的死感到悲哀，一面又自顾自地认为人类大多数还是好人！

## 第三章

深夜。

多数鱼儿沉浸在甜美的梦乡之中。

“不好了，不好了！”一条鱼尖叫着游了过来，划破了寂静的海洋。

首先醒来的是族长。

他紧张地问：“怎么了？”

那条鱼上气不接下气地说：“大量鱼虾贝类死于非命！”

族长大惊失色，赶忙问：“什么原因?!”

“不清楚。”

族长颓废地瘫坐在贝壳中！

“想必大家都知道了，我们很多的同胞死于非命。如果有谁可以找出原因，那么——”族长顿了顿，“下一任族长非他莫属！”

本来还睡眼朦胧的止止立即兴奋起来，他碰了碰还昏昏欲睡的阿欢，“听到没有啊？条件是下一任族长！”

止止和阿欢接受了这一艰巨的使命，同很多跃跃欲试的鱼儿一起比赛。

天刚蒙蒙亮，止止和阿欢便出发了。

首先，他们决定去看一看死了的鱼虾的尸体，或许能找出点蛛丝马迹。

大量的鱼虾积浮在海面上。

阿欢胆小，躲在止止的后面。

并没有什么特别之处。

一无所获。

止止有些失望。

其次，他们决定到死了的鱼虾贝类曾经生活的那片海洋中去看看。

水草萦绕，海波荡漾，从远处看起来并没有什么异常。

止止和阿欢不敢太过往前，一点一点向前游。

等到近距离接触时，止止感到不对劲了。

他们平常喝的水，虽然也有些脏东西，却并不像这里的水一般有着怪怪味道。

阿欢大叫起来，“这里怎么这么闷啊？止止，快走吧！”

其实止止也感觉到了，这里有点不透气，似乎缺氧似的。

他满腹疑团，随正在发牢骚的阿欢回到了住处。

当阿欢快要把查找死因这件事忘了时，百思不得其解的止止却顿悟了。

于是他拿着一个从岸边捡到的小瓶子，拉着一脸不情愿的阿欢再次来到了“死海”中。

自从发生了那场事故，所有的鱼儿几乎都不愿意靠近那里，所以称为“死海”。

止止小心地用瓶子装了一些水样，准备去族长那里邀功了。

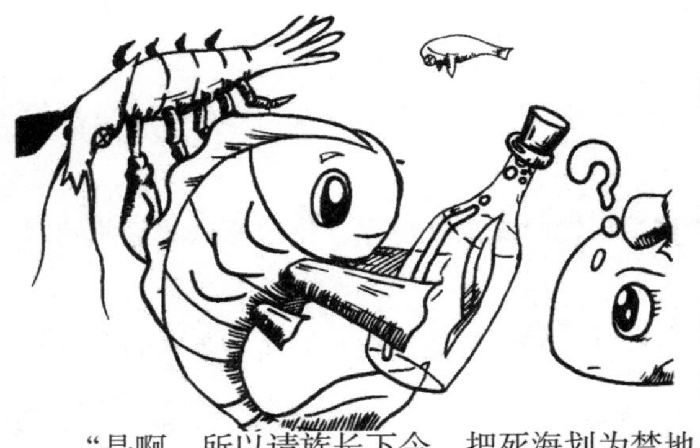

族长困惑地问止止瓶子里装的是什么。

止止神秘地笑了笑说：“就是那些鱼虾贝类会死的缘故啊。”

族长恍然大悟，却又奇怪道：“仅凭这些，就能置他们于死地?”

“是啊，所以请族长下令，把死海划为禁地！”

说罢，止止又觑了觑族长的脸色，说道：“族长，您的承诺，还……算不算数啊?”

“算，当然算，止止，既然你有这个能力，我也只好退位让贤呐!”族长很高兴缠在心头的困惑终于弄清楚，自然事事答应止止了。

止止刚从族长的贝壳房间里出来，阿欢便笑脸盈盈地迎上来，“怎么样啊?”

“等本族长当上后，便封你当副族长吧!”止止得意地说。

“好呀好呀，你可不要反悔!”阿欢很是开心!

## 第四章

日子一天天过去。

鱼儿们对于人类开采石油仅仅停留在认知阶段，毕竟人类进行开采活动的区域并不在他们生活的这一片。

直到某一天……

“止止！和我到珊瑚礁那里找吃的吧!”阿欢碰了碰一脸不情愿的止止，向珊瑚群出发了。

虽然海洋表面已遭到一定的破坏，可海底景色仍旧很美。

各色各样的小鱼儿嬉笑着从萦绕在海洋中的水草中穿过去。虽是最渺小的存在，却也因为有他们才构成了整个海洋。

很快便到了珊瑚礁那儿。

阿欢在那里蹿来蹿去，充满干劲地寻找着他的吃食。

不过止止有一种不祥的预感。

这几个星期以来，这里安静了许多，很少再有喧哗的声音，可是今天突然热闹了起来。

正想着，一根粗粗的钢丝绳揽着钻头慢慢深入了海洋，使得惊恐的鱼儿们四处乱窜。

岸上的人们跑来跑去。其他几处均已开发出石油，现在人们准备再凿一口井用来开采石油。

“嘭嘭……嘭!”

为了打一口油井，整个海洋充斥着刺耳难听的声音。

打好以后，人类又以迅雷不及掩耳之势插入了黑色运输管以开凿石油。

“没有什么能够抵挡人类的智慧。”止止恐惧地想。

当族长看到这一切时，什么也没说，只轻轻地、轻轻地叹了一声。虽然微弱，却还是被敏锐的止止听到了。

族长认认真真、仔仔细细地环视了海洋一周。看到止止在他身旁，无奈而又苦笑道：“止止，趁现在，快多看几眼吧……以后，或许就看不到了呢……”说完，族长转身游走了，仿佛没有一丝眷恋。

止止无聊地在海洋里游来游去。

整个海洋死气沉沉的。

止止试着去和其他的鱼儿打招呼，可所有的鱼儿好像都不愿说话似的。

甚至一向活泼的阿欢，近来也闷闷不乐。

止止感到很压抑。

“可不能灾难还未来临，自己就把自己给打倒了啊。”止止在心里默默地想。

他是一条很乐观的鱼。

“族长爷爷，‘海洋联欢会’快到了呢，怎么……举办啊？”止止觑着族长的脸色，小心翼翼地问。

“该怎么办就怎么办吧。”族长淡淡地说了句。

止止也不知道哪来的勇气，竟然大声对族长说：“族长爷爷，我们平时敬您、爱您，不单单因为您是族长，更因为您是这片海洋最有智慧的鱼啊！我们相信您无论有多大的困难在前面，您都会化险为夷为我们开辟出一条路的！如果连您也被难倒，那这万千鱼众会怎么想？”

说完，止止自己也惊着了。幸好族长没有愠怒，只是望着海水，什么话也不说。

过了一会儿，族长仿佛下定了很大的决心似的说：“止止，你说得对，我是不应该这样的。既然如此，那‘海洋联欢会’咱们就办得热热闹闹的，冲散这段时间的晦气啊！”

“好！”止止高高兴兴地应下了。

随着族长的醒悟，唉声叹气的鱼儿也少了许多，很快便张灯结彩，把冷清的海洋装扮起来。

尽管如此，海洋仍旧不复往日的欢乐。

“我的子民们……”

止止突然想起，族长在很久以前说过类似的话，只是那时是为了迎接人类呵，而现在……

很讽刺呢！

“今天，我们迎来了一年一度的‘海洋联欢会’！希望……”族长的话还没有说完，所有的海洋动物都开始紧张地望着那运输管。因为他们都能清晰地听到里面传来的咕嘟咕嘟的声音，以及海面上有人大声喊叫着“一号机开始运行”的声音。

族长停止了讲话。

有许多鱼儿闭上了眼，等待着末日的降临，死亡的命运。

周围一片死寂。

一秒、两秒、三秒……

## 第五章

人类第一次在这里打的油井非常成功！

鱼儿们也都安全地活了下来。

于是海洋又恢复了往日的生机，鱼儿们又开始活跃起来。族长也不像前一阵子愁眉苦脸了，脸上的笑容也越来越多。

那油井除了有点挡路外，并没有造成任何危害，但大多数鱼儿对它仍然望而生畏。

偏偏阿欢调皮，非要拉着止止去那里逛一圈。

“止止，你快点啊！磨磨蹭蹭的，真慢！”阿欢不满地冲止止吼道，自己迫不及待地游到了运输管的下面。

止止有点犹豫，听到阿欢仿佛是从极远处传来的声音，“止止，你快点啊！

啊……救……”

再也听不到任何声音。

止止紧张起来，大声叫着：“阿欢，阿欢！你在哪儿?”

没有回答。

这时，一个黑色、模糊的东西渐渐地从底下飘了上来。止止见状，急忙去看。

是阿欢!

也不知道那黑色的是什么东西，把阿欢原有的色彩都遮盖了，几乎认不出来。

阿欢慢慢地、慢慢地往上飘。

止止拉不住他。

你看不见鱼的眼泪，因为鱼活在水里。

无休止的伤悲。

痛彻心扉。

阿欢，安息吧。

时间终究会冲淡一切。止止虽然还是会时常想起阿欢，却并不像前段时间那样感到天塌了一样了。他逐渐适应了没有阿欢的日子。

很快到了五年一届的族长选举的日子。

所有的海洋动物都盛装打扮。

族长用慈爱的眼睛环视他的子民。

这是最后一次称呼这万千鱼众为他的子民。

族长的眼睛湿润了，可台下的鱼儿们看向族长的目光仍然饱含尊敬。

“在这五年中，我也基本尽到了族长应尽的责任。虽然，我并不是一个非常好的族长……下面我宣布，下一届族长为——止止!”

止止惊住了，他颤抖着问：“我?”

虽然族长承诺过，止止将会成为下一任族长，可他压根儿没当回事。

族长微笑着说："是啊孩子，是你！"

止止激动地不能自己，好不容易才游上去。他看到台下无数双不服气的眼睛仿佛在诉说"凭什么"。大家和止止都等着族长选止止的理由。

"止止是一条积极向上、勇往直前的鱼，我想，这也是成为族长最基本的条件吧！我也承诺过，止止为我们解决过难题，也带给我们信心，我认为他会成为一个伟大的族长！"族长说着，向止止投过信任的目光。

止止，加油。止止默默地在心里对自己说。

他再也不是那个渺小的止止了。他变得强大，耀眼！

## 第六章

"族长大人好。"万千鱼众齐鞠躬，欢迎新上任的族长止止。

止止明显有些受宠若惊，这种从地下升到天上的感觉，是他做梦也没有想到的。

他整了整华服，慢慢地说道："从今天开始，撤销海上巡视。另外，"他顿了顿，"把黑色运输管那里划为禁地，任何海洋动物不得靠近！"

止止想替阿欢报仇，可是要如何报仇呢？他深深怨恨人类，也深深恐惧人类！

他没有任何办法帮阿欢报仇。他只能尽量不让这万千鱼众中的任何一条鱼再重演阿欢的悲剧。

"散了吧。"止止有些疲惫地说。

"谨遵族长教令！"万千鱼众再次齐鞠躬，恭送族长止止。

止止喜欢热闹，每天在海洋里举办这样那样的活动。今天，他又想搞个"游园会"。

灯笼挂上，酒食摆上。鱼儿们喜气洋洋的，和过节一样热闹。

止止看着他们欢乐的样子，觉得很满足。他在心里默默地想，无论如何，一定要保护好他的子民！

“族长大人，族长大人！”远处一条鱼大声地叫着，慌张地游了过来。

所有鱼儿的视线几乎都被它所吸引了过去。

“族……族长大人！”这条鱼上气不接下气地说着。

“嘘！”止止示意他小声一些。

“海洋中又多了两三根黑色运输管！”

止止脸色乍然一变。他望着鱼众惊疑的眼神，强作镇定地说：“没什么！大家继续玩吧！”

止止不想再让鱼群们提心吊胆。

他碰了碰这条向他报告的鱼。

“什么时候？”

“昨天夜里。”

止止感到死一般的可怕，他不合时宜地想起了那梦魇般的一幕：

满身黑色、几乎认不出的阿欢慢慢地飘上海面。

止止用力地咬了咬嘴唇，轻轻地想：

阿欢，你在天上还好吗？

## 第七章

生活有条不紊地进行着。

止止也越来越适应族长的生活。

虽然这个名称带给了他至高无上的荣耀（比如说所有的鱼众都要给他鞠躬，

包括他看不惯的鱼儿们也要对他毕恭毕敬，还有每天都可以威风地绕领地游几圈，想想就窃喜)，却也带给了他很多束缚。

族长守则之一——不能在水草中睡觉。

族长守则之二——必须要穿族长华服。

族长守则之三——不能随便游上海面。

族长守则之四——每天早、中、晚都要巡视海洋一周。

族长守则之五——不能拒绝鱼众任何一个合理的要求。(不然，鱼众们火了把你赶下台了怎么办啊。)

当然——还有一大堆！

定这些不能随心所欲生活的规矩的原因在于，止止要给这万千鱼众做表率啊！

“真累啊。”止止每天晚上躺到贝壳房间里后总是会这样想。

“阿欢，你帮我把……”止止极其自然地叫着阿欢，说到一半便停下了。

自己怎么还没有完全接受呢？阿欢，已经不在了啊！止止怅然地想道。

可能，是自己太想阿欢了吧。

他已经当上族长，记得还许诺过阿欢当副族长呢！可阿欢，不能一起分享他的喜悦。

止止轻轻地叹息了一声，准备例行海洋巡视。

“族长大人！您快帮我找找我的孩子吧！他今天早上说要出去玩，可到现在还没回来……”一条呜咽着的鱼妈妈向止止哭诉着。

止止一边安慰着鱼妈妈，一边思索着，那条调皮的小鱼儿，会去哪儿了呢？

糟了！会不会是和阿欢一样，被……止止脸色大变，急忙转身游去。

止止带了几条鱼，匆匆忙忙赶到了禁地。他清楚地听到了黑色运输管传来的“咕嘟，咕嘟”的声音。

不寒而栗。

可止止没时间害怕，立即迅速指挥，大声呼喊着：“小鱼儿！小鱼儿……”

“小鱼儿你在哪儿啊？小鱼儿……”其他的几条鱼同样大声呼喊起来。

止止心一横，自己往黑色运输管那里游去。他不想再有一条生命丧失在他的眼下。

当止止看到小鱼儿时，小鱼儿正在黑色运输管旁边，并且正要往下游。止止吓得大叫：

“别进去！”

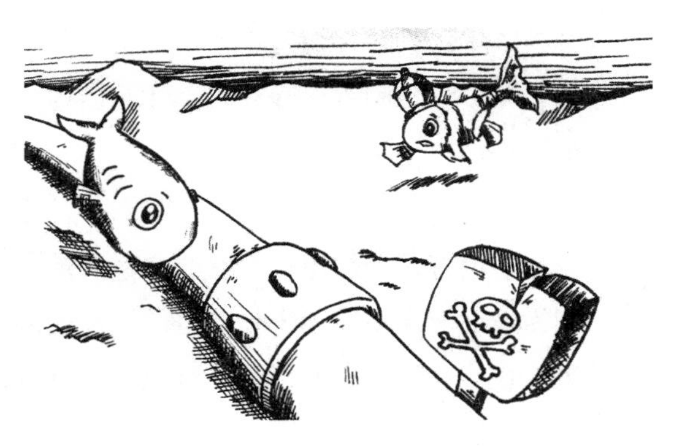

欣慰的是，止止最终阻止了小鱼儿深入里面，并且他们都平安无事。

止止微笑着说：“幸好发现得早呢，否则后果不堪设想……”鱼妈妈感激涕零，也狠狠斥责了好奇的小鱼儿。小鱼儿耷拉着脑袋，脸红地说：“谢谢族长。”

这件事，总算是风平浪静地过去了。

## 第八章

梦的深处。

仿佛有一个婀娜的少女走过来，轻轻笑着，唤道：“止止，止止！”

止止意识模糊，“你是谁啊？”

“我是阿欢，阿欢啊，你不记得我了吗？”那少女的声音像是从极远处传来的，听得不甚清楚。

“阿欢？”止止一个激灵，“你怎么会变成现在这个模样？”止止又仔细看了看，才发现阿欢现在竟然是一条美人鱼。

阿欢并没有正面回答止止的问题，只是抽泣着，“止止，我死得好惨啊！好疼好疼……”

止止很是心疼，他想摸一摸阿欢，却发现自己穿过了阿欢的身体，“我知道，我知道。阿欢……我好想你啊！”

阿欢停止了抽泣，突然大叫道：“止止，来不及了！你要记着，很快这片海洋就会被人类污染，你快逃，快逃，快……”话音未落，阿欢便消失了。

止止喊了一声阿欢，睁开眼，才明白这是梦。

他惆怅地笑了笑。

止止还没有仔细想想这个梦的含义便被一大堆事情缠住了。

因为最近海洋污染越来越严重了，每天都会有数以百计的鱼儿失去了生命。

虽然止止知道问题的根源，可他一筹莫展，丝毫想不出解决的办法。

他尽力挽救，却只能眼睁睁地看着一条又一条鲜活的生命消失。

而海洋之上的人类仍然肆无忌惮地排放杀虫剂、除草剂以及各种肥料，他们还没有意识到这对海洋甚至他们自身的危害。

事情终于出现了一丝好转。

止止带领万千鱼众向南迁移了一些。

虽然环境依然不太好，但相比之前，已经不算恶劣。

鱼儿们便在这里安居乐业。

生活好像很美好的样子。

只是——

再平静的海面下也涌动着一股暗潮。

这段时间一直这么忙，止止发现自己很少想阿欢了。

他想起了那个梦。

阿欢的声音清晰在耳边，“止止，来不及了！你要记着，很快这片海洋就会被人类污染，你快逃，快逃，快……”

污染……污染……不是已经被污染了吗？

逃……逃……还要逃到哪里呢?

那究竟是什么意思?

他又想起前任族长的话，那是他在人类刚刚在那片海洋打油井时说的：“止止，趁现在，快多看几眼吧……以后，或许就看不到了呢……”

回味着阿欢和族长的话，止止预感到了什么。

## 第九章

晨光熹微。

止止已经很久没有感受阳光的静好了。

他突然很想绕海洋游一圈。

水草丛，珊瑚礁，止止穿过去，怀念起从前日子的美好。

他突然很想流泪。

因为止止感到了一种超越死亡的宁静。

万千鱼众仍然像平常一样向族长止止问安，止止也努力想使自己像平常一样微笑。

可他做不到。

旭日东升，裹着大衣的人们彻夜未眠，等着石油出管。四面依旧峰峦叠翠，“空气共氤氲”。那个开采石油的领头人，兴奋地望着浑浊的海水。他似乎听见石油“咕嘟咕嘟”的声音。

那曾经的一汪碧水，模糊地倒映着蓝天白云，诉说着它的不甘。

突然，钻井平台爆炸并引发大火!

由大火引起，继而一丝若有若无的黑色从石油管里浸出，越来越多，张牙舞爪。慢慢地汇集成黑色的恶魔，张开血口大盆，侵蚀着海洋!

岸上的人们惊恐地看着，尖叫着，迅速逃离。

海洋里同样是呼救声不断。

慢慢地，声音也就终止了。

整个海洋呈现出黑色，地狱般的黑色。

这是这片海洋的劫数。

漏油不止。

开始了。

止止闭上了眼。他想起了很多。

他想到了前任族长，想到了他的子民，想到了莨莨、润润、沙沙以及好多鱼。

最后想到了阿欢，想到了幼时和他在一起的时光。

再见了。

我的朋友，我的子民。

还有……我的海洋！

再见了。

你看不见鱼的眼泪，因为鱼活在水里。

但他们更活在海洋的心里！

海洋本来就是鱼儿们生存、栖息、繁衍的地方，却不想，因为人类的污染，鱼儿竟成了海洋的囚犯。

囚鱼。

注：本文出现的海洋指墨西哥湾。

## 后　记

2010年4月20日，位于墨西哥湾的“深水地平线”钻井平台发生爆炸并引发大火，大约36小时后沉入墨西哥湾，11名工作人员死亡。

2010年4月24日起漏油不止。

2010年5月5日，美国墨西哥湾原油泄漏事件引起了国际社会的高度关注。

2010年7月15日，英国石油公司宣布，新的控油装置已成功罩住水下漏油点，“再无原油流入墨西哥湾”。

这场恐惧的石油灾难终以英国石油公司的宣告而结束。可是，就真的结束了吗？

人类，是不是该觉悟了！

或许人类损失的是这些珍贵的石油，10多亿美元，可生活在里面的海洋动物丧失的却是它们的生命和它们的家！

当然，人类迅速地采取了多种紧急补救方法，虽然多数以失败告终

它们同人类一样，也是这个星球上的物种，它们也会出生、长大、结婚、生育、繁衍后代。

可它们被无辜地剥夺了这些权利。

最该给它们默哀，不是吗？

事实上，因为人类不经意通过各种途径排放的污染物到达海洋。而这些生物，就在千疮百孔的环境下艰难地活着！

这就是“囚鱼”的含义。

虽然已过去多年的时间，可它带给人类的思考是深远的。所幸，现在大多数人类已经认识到保护海洋的必要性和重要性。而我写这篇小文，亦是希望更多的人可以积极保护海洋！

# 被淹没的约定

作者：萧惟丹

插画：萧惟丹

## 作者、画者简介

萧惟丹，山东寿光世纪学校八年级学生，从小爱好写作，作品多次在国家级报刊发表，曾获得“全国校园文学新苗奖”、新华画报杯作文大赛特等奖、首届全国“征集校园环保征贴”最佳标语奖等众多奖项。在12岁时写成长篇校园励志小说《女孩，不哭》，由山东文艺出版社出版，并在社会上引起了极大反响。获得2014年第十二届“叶圣陶杯”全国中学生新作文大赛“全国十佳小作家”称号。另一部长篇校园梦幻小说《梦舞墨城》已写作20余万字，即将收尾。

## 一　蝴蝶村的早上

海平面处，旭日东升，那团浓艳的红似触手可及。春末夏初的清晨，天还未大亮，薄薄的雾霭为村庄笼上了一层静谧与祥和。

远望，只见得树枝上一片斑斓，百灵、黄鹂……全都集会于此，为这个朦胧的季节平添几分色彩。他们唱着百听不厌的歌儿，清脆动人，好似训练有素的合唱队，使人忍不住想要闻歌起舞。

只是——

细听，一丝嘶哑的鸟鸣混杂其中，在这和谐的歌声中显得尤为突出……

“停!”那只领头鸟大喊，“七七，你唱得太难听了！我劝你放弃这次歌唱大赛。”

“就是啊，天生一副破锣嗓子。”

“这样的歌声也想参加比赛？白日做梦。”

“长相平平，嗓子还这么难听的鸟真不多见。呵!”

……

众鸟开始应和领头鸟的话，纷纷指责那只燕子。先前悠扬的歌声变成了一片嘈杂而犀利的议论。

在鸟群的议论声中，新的一天到来了；也是在这议论声中，一只燕子默默地飞走了。

那只燕子，就是鸟儿们所指责的那个“小可怜”，它叫七七。

其实刚刚鸟儿们说得并没有错，七七的长相在鸟群中实在不出众，若只是一身黑白相间的普通燕子的毛色也就罢了，可他身上的白色也不纯正，隐约泛着灰色。更重要的是，他生来嗓子就嘶哑难听，无论他再怎么努力地学习歌唱，也无法掩盖住那种撕裂般的声音。

这不，鸟群一年一度的歌唱大赛又要开始了，他却被其他鸟嘲讽得再一次失去了信心。

七七独自飞走，漫无目的地徘徊。

他想，他大概再也不会唱歌了……

鸟儿们生活的村庄，叫作蝴蝶村。这里每年都会有许许多多的蝴蝶，红的、黄的、蓝的、花的……数不胜数。

这儿的人们过着幸福安宁的生活，家家户户都热情好客。他们爱好和平，爱好劳动。男耕女织，安居乐业，世外桃源也不过如此……

又到了农耕繁忙的日子。每天打老早就有人在自家农田耕作。他们大都穿着粗布麻衣，带着农具，肩上还搭着条洗得褪色的毛巾，待汗水流到额前就用那毛巾擦一把，再继续干活。

他们劳累，却快乐。

说实话，蝴蝶村的风景确实不错，东面临海，海面一望空阔，偶有几条渔船驶过。

多数时间，海边是极其安静的，只有海浪拍打海边岩石的声音此起彼伏。不过，也会有几个孩子来海边玩耍，却在太阳落山前就被家里大人拽回家去。

蝴蝶村中，紧临海边居住的人家极少，具体地说，只有一户。

这户人家有一个简单的小木屋，屋内灯光昏暗，整齐陈列着各种老式家具，在本来就不大的木屋中显得略微拥挤。看得出来，这户人家并不富裕。

木屋的主人是一对老夫妻，面相和蔼。他们有两个儿子，小儿子在城里生活，大儿子几年前出海时遇难。尽管经历了这么多，这对老夫妻依旧乐观，两个人相依为命。

或许说……是三个。

他们家还有一只黄狗，老两口儿都没什么文化，给狗起不出什么像样的名字，索性就叫阿黄。

阿黄，这真是个平凡得不能再平凡的名字。

而他，也只是一只卑微而孤独的狗。他待在这户人家已经好长日子，这户人家待他似亲人，只要老两口儿有得吃，阿黄就有得吃。阿黄也懂得知恩图报，为老爷爷老奶奶忠实地看着家。

但照顾归照顾，终归还是没人陪他聊天、玩耍。

直到后来……

## 二　相遇

七七不想再回鸟儿们聚集的地方，便迷茫地飞在村庄里。他一路向东，直到看到那片碧蓝的海。

他太累了，却找不到休息的地方。本想在岸上小憩一会儿，没想到不慎掉进了海里。

七七被冰凉的海水冻得一哆嗦，等他回过神来，就已经被呛了几口水了。

“救……救……救命！救命……”七七用他撕裂般的声音大声呼喊着，却没有人来救他。

我说过了，海边是极少有人的。

碰巧，阿黄路过海边。听到七七的呼救，吠叫着跑了过去。

七七看到有人来救他了，便更加奋力地挣扎。

“这可怎么办呢，”阿黄着急了，“我也不会游泳呢！”

七七眼神黯淡下来，却还是想为自己的生命争取最后一丝希望——他拼命挣扎着。

这时，阿黄一瞥看到草丛中的一块废木块，便急中生智，用嘴衔起废木块丢了过去，“快到木头上去！”

七七听了阿黄的话，拖着一身湿淋淋的羽毛，爬到了浮木上。

阿黄又扯下一根枝条，扔给七七。

几经波折，费了九牛二虎之力，七七终于得救了。

可能是太过疲劳，七七一上岸就昏昏沉沉地睡了过去。阿黄慌了神，只好轻轻衔起它，把他带回了自己的家。

“你醒了！”阿黄惊喜地说。

“啊……谢谢你救了我。我……我该怎么感谢你呢？”七七激动地说。

“不用谢，应该的。”阿黄不好意思地笑了笑，“对了，你叫什么？”

“我叫七七，你呢？”

“我叫阿黄。你怎么会在这儿啊？”

……

他们俩聊得不亦乐乎，险些忘却时光的流逝，一直聊到第二天清晨。很快，他们成为朋友。

“我这辈子从来也没有说过这么多话吧？”阿黄想。

“我这辈子从来也没有这么快乐过吧？”七七想。

等七七的身体恢复了，要去找自己的鸟群，和他们打声招呼，免得同伴们挂念，就只好和阿黄告别了。

“我还会回来看你的，阿黄！”七七开心又不舍地说。

“好的，欢迎你随时来作客。”阿黄答应得更是痛快。

“嗯，再见……对了，谢谢你的照顾。”

“客气什么。再见！”

阿黄目送七七飞走，又回到了自己原来的生活——一片宁静。再没有人陪他说话说那么久了，他的眼角划过淡淡的失落。他又让自己重新打起精神，“嘿，七七还会来看你呢，开心点儿！”阿黄虽这么说，可他打心底里不舍得七七走。无妨，阿黄已在肚子里埋下许多要对七七说的话，也盘算好了下次要带七七去哪里玩。

果不其然，七七两天后又飞了回来。七七告诉阿黄，他已经回到鸟群中去了。阿黄似乎比他更开心。

阿黄和七七捉迷藏，七七个头小，藏得严实，而阿黄个头大，总会露出马脚。七七不想阿黄失望，就故意装作找不到。

七七喜欢从后头把翅膀盖在阿黄眼上，装出蜡笔小新的声音，说：“猜猜我是谁？”而阿黄总是很配合地猜到第三次才猜对；

七七总会很认真地听阿黄诉说他的故事，听他哭、陪他笑；

七七有时会朝阿黄发脾气，明明受气的是阿黄，却总是阿黄哄七七开心；

七七有时会骑在阿黄的背上，阿黄就载着七七从这头跑到那头，从那头跑到这头，乐得七七“咯咯”直笑。

阿黄把所有好东西都分享给七七，七七也是……

## 三　我愿为你唱下去

一天，阿黄说：“七七，给我唱首歌吧！”

“唱歌?”

“是呀，我从没听过你唱歌呢。我知道，这里的鸟儿唱歌都很好听，每天早上我都会听到鸟儿们的歌声，与阳光、海浪糅合在一起，让我新的一天充满活力……”阿黄自己说得陶醉，却没注意到七七的眼神一点一点地黯淡下去。

“七七，你怎么了?”听到七七长久没有回音，阿黄发觉事情不对，“你还好吗，七七?”

七七没有说话，独自飞到了一旁的角落里。

阿黄紧紧跟在后面，像是怕把他弄丢了似的。

七七的肩膀一耸一耸的，还传来细微的哭泣声。阿黄着急了，连问了好几个“怎么了”，还是没有得到七七的回答，他反倒哭得更厉害了。

说实话，阿黄从来就不懂得安慰别人，可现在看七七这个样子，他实在又急又难过。

他手足无措地询问着七七，试图能够了解些什么。

后来，等阿黄实在没得说了，就安静了下来，坐在七七旁边，听七七哭。

他俩一连坐了几个小时，夜幕降临，七七却丝毫没有要停下哭泣的意思。阿黄觉得这不是个办法。

许久，他终于明白了七七为什么哭。平日七七的声音就带着一丝沙哑，唱起歌来可想而知。阿黄恨自己大意了，惹得七七这么伤心。

忽然，阿黄站了起来，静静地走开去。

沉醉在自己哭泣中的七七并没有察觉到阿黄的离开。

阿黄面向大海，扯开嗓子开始唱着不成调的歌。

声音难听，却很伤感。歌声打破了这夜深人静，打破了海浪幽静的梦，可阿黄全然不顾。

起初，七七听到阿黄的歌，哭得更猛烈了。

阿黄皱了皱眉，又开始唱了起来……

他就一直这样唱啊，唱啊……从不休息，从不停歇。

在这样刺耳的歌声中，清晨被吵醒，新生的太阳好似多情的少女，用云彩遮住半面。

阿黄就这样大声唱了整个晚上，嗓子干裂嘶哑，只听声音，好像一夜度十年一般。

七七早在半夜睡了过去，大概是哭累了，七七这一次哭得很痛快，把所有的委屈都哭给大海听。他一觉醒来已经黎明，听到耳边依旧回响着阿黄沧桑难听的声音，便起身飞了过去。

阿黄其实嗓子生疼干裂，却还在唱着，大声地唱。不为别的，就因为七七是他朋友——

七七，请你不要难过，你知道吗，你的眼泪划过我心，心如刀割；

七七，唱歌而已，我愿为你一直唱下去，沧海桑田，地老天荒；

七七，你要开心，因为，我一直都在……

朋友，多么美丽的词语。朋友，我愿为你，付出一切……

七七走到阿黄身边，呆呆地望了阿黄许久。

最后，七七轻轻说了声："阿黄……"

阿黄终于停下来，他转过头去，望着七七，笑了笑，撕裂般的声音却带着一份温柔，"七七，你不哭了？"

七七眼睛一热，眼泪就不争气地溢了出来。他知道，阿黄这样做是为了让他快乐，让他知道有人比他唱得更难听，却照样可以放声歌唱。唱歌嘛，开心就好。

"怎么又哭啦？是不是我打扰你休息了，对不起啊……我只想安慰你，真的不是有意的，对不起。"阿黄急忙说道。

七七使劲地摇头，用翅膀擦着自己的眼泪，继而露出一个大大的笑容，说："阿黄，你真好。"

阿黄听到七七的话，也开心地笑了。

次日黄昏。海边凉风习习，逆光处勾勒出一只狗与一只鸟的背影，从那里传出阵阵歌声，虽然可能不是最动听的，却是最快乐的。

## 四　分别，是为了下次重逢

讲到这儿，我不得不俗套地说一句，日子过得飞快，转眼间就到了秋天。

几个月来，七七与阿黄的友情有增无减，他们的生活不再那么无趣。他俩成为彼此生活中的一大部分，成为彼此生活的依靠。哪怕会吵架又何妨，经得住争吵的友情才来得不易。

或许我真该说一句：感谢命运，让他们在有生之年相遇。

秋天，一个硬朗的金属色的季节。抑或说，是一个多愁善感的季节。

鸟族的规矩向来明确。毋庸置疑，候鸟秋天需要南迁，第二年春天才会回来。

而七七就是准备南迁的鸟儿之一。

对于阿黄和七七来说，这是多么长久的分离啊。

“鸟王，我不想去南方。”他对着上次领头唱歌的那只鸟说。

“什么?”鸟王大声质疑。七七对他说起这事已不止一次了，可鸟王还是很难接受。

“我不想去南方，我想留在这儿。”

“孩子，你想活活冻死吗？别傻了。”

“没事，我不怕!”

“从没有鸟像你这么例外。”鸟王有些不满意。

七七笑笑走开。

“我不想南迁。”七七对阿黄说。他从来没有告诉过阿黄这件事。

“啊？那怎么能行!”阿黄被七七突如其来的一句话吓了一跳。

“可我就是不想去啊！在那里连个说话的都没有。”七七犟了起来。

“那也不行。这里的冬天冷得很，你会冻死的。”

“冻死也比去那儿憋死好!”

“不行不行，你必须去。”

“你就那么想让我走吗？我就不去。”

“你走！就是要让你走，哪有那么多废话!”阿黄朝七七大叫，然后背过身去，好像很生气。

“哼！走就走，我还不稀罕留在这儿呢!”七七也生气了，拍了拍翅膀就飞走了。

等七七走远了，阿黄回转过身，看着七七的身影在广阔的碧蓝里逐渐变成一个点。

阿黄闭上眼，叹了口气，“我哪是生气啊，只是不能眼睁睁看你冻死在这儿。对不起，七七。照顾好自己，我们明年见。”

“鸟王，我这就去收拾东西。我要南迁！”七七气呼呼地来找鸟王。

“怎么，孩子？又想通啦？”

“是，我要跟其他鸟一起去南方。”

“嗯，这样就对了。”

鸟王笑了起来，七七却没有丝毫想让嘴角往上翘一翘的意思。

几天后，阿黄在为主人守家的时候，听到上空传来阵阵鸟鸣，他抬头望去——原来是向南迁徙的候鸟队伍。

他们飞得那么有活力，那么充满向往。阿黄看了心里也高兴——七七，你应该也在其中吧？

等鸟群飞出视线良久，阿黄才低下头。

阿黄有些消沉。毕竟他们是好朋友，用吵架的方式仓促地告别，实在有些让人哭笑不得。

两天后。

阿黄在家门口踱步。忽然，从天空飞来一只麻雀。

其实这并不罕见，只是那麻雀经过阿黄家的时候，不再向前飞，而是在上空盘旋。

“有事吗，小麻雀？”阿黄有些好奇。

“啊，我在找一只叫作阿黄的狗，你认识吗？”

“呵呵，这儿除了我还有别的狗吗？”阿黄笑了笑说。

“这么说……”

“没错，我就是阿黄。有什么事吗？”

“哦，是这样的，你是不是有个朋友叫作七七？”

“是啊，怎么啦？”

“那就没错了。他让我转告你，那天他有些冲动了，是他不对，他跟你道歉，希望你不要怪他。他还说临走没能正儿八经地跟你告别挺过意不去的。他还说了，明年三月他会回来找你，不见不散。”麻雀一连说了好多。

阿黄静静地听着，眼神中闪过一丝落寞与无奈，“我怎么会怪你呢，七七。明年三月，我们再见——这是我们的约定!”

## 五　等待

阿黄回到了原来孤单的生活中，看起来一切都是波澜不惊的样子，那个叫七七的鸟好像从来没出现过。

但只有阿黄心里知道，七七一直是他最好的朋友，他觉得七七一直在他身边，从未离去。

而七七那边呢，刚刚开始的旅程很辛苦，鸟群坚持不懈地飞着，渴了就停下来喝点湖水，困了就找个地方随便休息一下，好像什么困难都阻挡不了鸟群南飞的路。

南迁的路上实在是累，七七也这样觉得。可他一想到阿黄，就又重新振作了起来，打起精神，继续向前，性格也变得开朗起来。

就这样，七七成了鸟群中最勇敢的一个。

也就是因为这样，七七的人缘开始变好。越来越多的鸟愿意主动接近他，跟他聊天，玩耍。这一路上，比七七的预想要好得多，他开始觉得南迁也是件有意思的事情，而且，他还交到了那么多朋友，他一点也不孤单了。

不知七七有没有意识到，这一切，归根结底是阿黄的功劳。

也许……我是说也许，七七已经淡忘阿黄，开始沉醉在自己新的朋友圈里。

七七啊七七，你还记得那个在你最困难的时候拉你一把的朋友吗？你知道现在有人在远隔千里的地方苦苦盼着你回去吗?

到了南方有了固定的住所后，在七七身边的朋友更是多得数不过来，常常是今天跟这个玩，明天跟那个玩，几天下来跟谁在一起玩耍都记不清了。七七尽管带着一副嘶哑的嗓子，却也依旧成为鸟群中的“红人”。可是七七，这就是你想要的生活吗？

日子就这样一天天过去。阿黄和七七都消失在了彼此的生活里，不同的是，一个铭记，一个淡忘。

春风来过，不负阳春三月。

候鸟启程，准备原路返回。

南方的春天是个多雨的季节。春雨毫无征兆地出现，惊了正在归途中的鸟群。鸟儿们慌忙地飞着，企图找个地方挡雨。

就在这样慌乱的情况下，七七不知道撞到了哪儿，只感觉翅膀一阵疼痛。

而他那群所谓的好朋友呢，没有一个肯停下来看七七的，他们争先恐后地飞走，把七七自己留在后面忽上忽下地飞着。

这一夜，春雨很急，广不可及的灰色中，漫天的雨终夜吟哦着不堪一听的浓愁。七七翻来覆去难以入眠。

七七这一晚想了很多，比如他在鸟群中的朋友们；比如什么时候能到北方；再比如……阿黄。

他终于还是记起了他们的约定——

阿黄，等我回去找你。

## 六　消失的蝴蝶村

那晚过后，伤还没有完全康复，飞得有些慢，路途好像变得长了许多。

等七七回到蝴蝶村，他的瞳孔顿时放大了好多倍——这还是原来的蝴蝶村吗？

对于眼前的汪洋和依稀露出的居住痕迹，他宁可相信自己走错了路。

可是，怎么会错呢？这个熟悉的地方，他绝不可能记错。

或许是对自己内心的安慰，他开始在附近徘徊，希望能够找到阿黄，虽然事实已摆在面前，他却依旧不愿相信。

阿黄，你在哪儿？我们不是说好还在这儿会面的吗？

他找了很久却没有结果，七七的眼神越来越黯淡。

往日这里家家户户安居乐业的景象还历历在目，为何眼前一片荒凉？蝴蝶村再没有了原来的生机，有的只是一片沉默的汪洋。在这儿，不用说成群的蝴蝶，连个蝴蝶的影子都没有。这让七七有些害怕。

他想知道这儿到底发生了什么，却连个过路的人都找不到。

"村"里也没有了老人孩子，再也听不到他们说说笑笑的声音了。他们去了哪儿呢?

七七离开的这些天里，蝴蝶村发生了翻天覆地的变化，一切的一切都从有到无地消失了。

"算了，"他有些失望，想，"今天太阳快下山了，明天再慢慢找吧。"

七七正想飞走，眼前的一棵大树枝桠一下子吸引了它的目光。这不是阿黄屋前的那棵大树吗？以前我和阿黄曾天天在这棵大树下玩耍，如今，这棵树被海水淹没了一大半，早已死去，幸好还留着几条枝桠，不然七七连个落脚点都没有。

七七只好栖息在这凄凉的枯树枝上，由于太累了，不一会儿就睡着了。

风呼啦啦地吹着。

冷吗?

很冷。

不过身体再怎么冷，也敌不过心冷。

第二天，天不亮七七就醒了，看着东方天空慢慢泛白。一晚上根本睡不踏实，他实在太想找到阿黄了。

现在，没有了阿黄陪他玩捉迷藏，没有了阿黄陪他聊心事。一群表面上的朋友也换不来这一个真心的知己，他懂了。

一天，两天……半个月过去了，依然没有阿黄的踪影，七七瘦了很多，最开始的那股精神也没有了，无力地在天空飞着。可七七不肯飞走，他记着自己和阿黄的约定，一定要找到阿黄！

突然，天上出现了一只海鸥。

七七真的是又惊又喜。

连忙飞过去。

“有什么事吗，小燕子？”那只年轻的海鸥说道。

“是这样的，海鸥姐姐，我在找我的朋友，他以前就生活在这里。可是……我也不知道是怎么一回事，去南方过冬回来后，村庄就不见了，我已经在这儿找了好久了，却还是没有找到。”七七说道。

“今年春天来临之前，这里的村里就已被淹没了。”

“怎么会呢？这么大的一个村怎么会一下子就不见呢？人们在这里已经生活了很多年都没事。”七七不解地问。

“听我爸爸说，这都是温室效应造成的。”海欧姐姐说。

“什么是温室效应？”

“这我也不太懂，这样吧，我带你去问问我爸爸，我爸爸知道的可多了，还是有名的环保博士呢！对了，你叫什么名字？”

“我叫七七。”

“七七，那你跟我走吧，我爸爸一定能告诉你答案。”

“那……好吧。” 七七没有再犹豫，就跟着海鸥飞走了。他根本顾不上想太多，因为，七七迫切想要知道阿黄的下落。

## 七 温室效应惹的祸

他们飞到了海边，这里，就是那只海鸥的家。

“爸爸，爸爸！有客人来了。”一进家门小海鸥就开始大叫。

“来，跟我走。”海鸥姐姐带着七七走了进去。

里面坐着位年迈的海鸥伯伯，戴着眼镜正在读报。

“爸……”海鸥姐姐又叫了一声。

“海鸥伯伯好！”七七说。

那个海鸥伯伯放下手中的报纸，推了推眼镜，“啊，你好，你好……”

“爸，他叫七七，他……”海鸥姐姐把七七的情况对海鸥伯伯说了一遍。

“哦，哦……”海鸥伯伯不断应答着，又说，“没错，那里就是原来的蝴蝶村。”

“海欧伯伯，什么是温室效应？温室效应为什么那么厉害，怎么会把那么大的一片村庄都淹没了？”七七着急地问。

“孩子别急，让我慢慢告诉你。”海欧伯伯说。

海鸥姐姐端来了盘水果，示意七七和海鸥伯伯边吃边聊。

海鸥伯伯用沧桑的声音说：“近年来，由于人类工业迅猛发展，煤炭、石油、天然气燃烧产生的二氧化碳，远远超过了过去的水平。再加上人类对森林乱砍乱伐，破坏我们的家园，减少了将二氧化碳转化为有机物的条件。这些原因，使地球上产生了温室效应。”

七七似懂非懂，慢慢点了点头。

“你知道吗？温室效应危害可大着呢。”海鸥伯伯继续说，“这温室效应一出现，全球都要升温。这会让两极冰雪融化，引起海平面上升，大量陆地会被海水淹没。除此之外，地表水和地下水盐分增加，影响城市供水；地下水位升高；沙滩减少，旅游业受到影响；植物群落，也会因无法适应全球变暖的速度而做适应性转移，从而惨遭厄运；人类的身体健康也会受到危害……这些都是温室效应带来的。而且，还会造成臭氧层空洞呢！”

“臭氧层空洞？是不是在南极上空出现的那个？”海欧姐姐插嘴问，毕竟她也多多少少听她爸说过一点。

“是呀，早在20世纪50年代末到70年代就发现臭氧浓度有减少的趋势。1985年英国南极考察队在南纬60度地区观测发现臭氧层空洞，引起世界各国的极大关注。臭氧层的臭氧浓度减少，使得太阳对地球表面的紫外线辐射量增加，对生态系统产生破坏作用，影响人类和其他生物有机体的正常生存。”海鸥伯伯说。

“那现在怎么样了?”七七追问。

海鸥伯伯摇了摇头，继续说道:“南极上空的空洞正在继续增大，北极上空2011年春天臭氧减少状况也超出先前观测记录，首次像南极上空那样出现臭氧空洞，面积最大时相当于5个德国。”

“这么严重啊，那对我们是不是危害特别大呢?”海鸥姐姐问道。

“那是自然。”海鸥伯伯给予了肯定，“臭氧层空洞的出现引起了人们极大的重视，专家发出警告，臭氧层空洞会使我们接受的紫外线的强度增加，紫外线过量照射对健康的危害作用主要是引起皮肤红斑反应、光感性皮炎、皮肤色素沉着、光感性角膜炎、光感性结膜炎、白内障及致突变作用、致癌作用等。”

“天哪！不过说了这么久，我还不太清楚，什么是臭氧层啊?”七七有点不好意思地说。

“呵呵，在距离地球表面15—25公里的高空，因受太阳紫外线照射的缘故，形成了包围在地球外围空间的臭氧层，这厚厚的臭氧层正是人类赖以生存的保护伞。臭氧层中的臭氧主要是紫外线制造出来的，臭氧层可以保持氧气与臭氧相互转换的动态平衡。”海鸥伯伯解释道。

“哦，我明白了，那我们得好好保护臭氧层啊。”七七皱了皱眉毛，“那怎么才能抑制温室效应呢?”

“必须有效地控制二氧化碳含量增加，科学使用燃料，加强植树造林，绿化大地，防止温室效应给全球带来的巨大灾难。发展对环境、气候影响较小的低碳替代能源，改善其他各种场合的能源使用效率；全面禁用氟氯碳化物；提出并实施保护森林的对策方案……都是有效的措施。而在人类日常生活中，就要减少汽车尾气的排放，多用太阳能。”海鸥伯伯说。

七七惊讶又佩服地看着海鸥伯伯，没想到海鸥伯伯懂得这么多知识，更没想到环保这么重要。

“温室效应给自然带来的影响可真是不小。然而这些都是人类破坏环境后，大自然返给他们的惩罚。看来人类真的醒悟了，地球是大家赖以生存的家园，如果再这样下去，恐怕会使人类遭到难以想象的报复。用金钱换生命，那是划不来的。”七七总结。

“是啊，唉，其实除了温室效应、臭氧层空洞之外，还有许多有待解决的问题呢，比如土壤流失严重，耕地面积减少；森林资源日益减少；水荒制约发展影响生活；生物物种加速灭绝，生物资源急剧减少；人口爆炸危及自然生态；残留物质污染环境……人们哪能不重视呢？”海鸥伯伯一边吃着东西，一边含糊不清地说着。

“嗯，不然到时候，地球上的其他生物也会惨遭厄运的，人类可不能这么自私！”七七说。

“是啊，只要人类保护环境，整个大自然就会变好啊。”海鸥伯伯补充道。

“嗯……对了，海鸥伯伯，你说的海平面上升，真的有那么厉害吗？真的可以让整个村庄都被淹没？”七七还是有些不敢相信。

“那是当然！海平面一上升，危害的可不止一个小村庄，甚至许多国家都会因此消失呢！”海鸥说。

七七倒吸了一口凉气，回到现实中来。他又想起了阿黄，以及那个村庄，还有他们的约定。

“那么蝴蝶村就是这样被海水淹没的！海欧伯伯，那村子里的人呢？”七七着急地问。

“大多搬走了，不过，也听说有些年长的老人，因为眷恋这片土地依然留下，没有离去。”海鸥伯伯眼神里闪过一丝无奈。

“那么阿黄呢？”

“孩子，我可不认识什么阿黄。”海鸥伯伯无奈地说。

“啊，我是说，最靠近海的那一户，他们家有一条狗，叫作阿黄。”

“哦，说实话，这我也不太清楚。”

“唉！”七七无奈地叹了口气。

“天色不早了，不然就留在我这儿住吧。”海鸥姐姐建议。

“不了，我还要去等阿黄呢，我们去年就约好，今年春天在那儿相见。如果阿黄还活着，他是不会忘记的！”七七坚决地推辞，海鸥也没办法，就送他走了。

七七又回到了原来蝴蝶村所在的地方。

“温室效应，这真是个可怕的字眼。然而一切又都是人类所作所为的报应，却伤及了许多无辜的动物。”七七这样想着，心中既无奈又悲痛。

人类，你们何时才得以醒悟？

# 尾 声

得知了这一切之后，七七不得不接受现实。他却还是在这儿住着，其实他心底还是在渴望奇迹的出现。

就这样，一天天过去，七七已瘦得弱不禁风，但他毫无去意，仍在执着地期盼着！

那天，海风习习。

七七像往常一样，在消失的村庄的上空，疲惫地飞来飞去。始终不停地唱着歌，唱他们以前在一起时唱的歌，唱给阿黄听，相信阿黄如果能够听到，就会来找它。

多么单纯的目的，却支撑了他那么久。

突然，海上起了大风。刚想落脚休息一下的七七又被卷入海中，像半年前一样。

只是，这次再没有人像阿黄那样救他。

他在海浪中挣扎了一会儿，然后留下了绝望的眼泪。那眼泪与大海混在一起，那么微不足道。但也就是这泪水，饱含了大自然中的动物对人类恶劣行为的控诉，饱含了他们的无尽心酸。

如果人类不破坏环境，那么，这一切都不会出现。

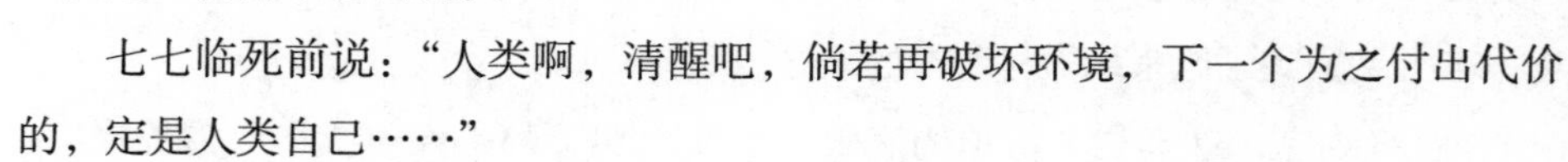

七七临死前说：“人类啊，清醒吧，倘若再破坏环境，下一个为之付出代价的，定是人类自己……”

# 第二部分　绿色考察行记

## 北京、济南绿色考察行记

作者：张冠秀

### 北京站

考察回来已经两天了，本想在第一时间内跟领导汇报，但总是没有理出思绪，不是因为乱乱的感觉，不是因为手头课时频频，不是因为感冒牙疼上火，而是被一种特殊的教育情怀感动着，久久不能平静……

决定出去考察源于我对当今中小学环境教育的思考。很长一段时间以来，心底总有一种声音逼迫我必须要走出去，其间不知经过多少思想的挣扎与犹豫，当我下定决心与领导沟通时，得到了学校领导的高度重视，校方非常支持一个普通教师的考察行动。

其实在走之前，我早做了周密的准备，根据国内环境教育的实际情况确定了三个点：北京、济南、上海。第一站就是北京，我请《环境教育》杂志社的领导联系了北京在环境教育方面做得最好的中小学各一处，还有高校名校的著名教授、学者（此行的目的不仅仅看学校的环境教育）。当得到我校领导的支持后，便于5月24号6：00去潍坊乘坐8：30的动车，一人前往北京，踏上了求学之路。

## 5月24日

提前半个多月的时间，把想去的地方做了详细了解。在路上，我又把西城区外国语学校、华嘉小学、北大、清华环境学院以及多个教授的所有资料都做了深入了解、记忆，并在打印的材料上圈圈点点，设计了合适的问题。不是记者，却像记者一样地精心准备对每一个人物的采访，因为我作为一个普通教师马上要接触环境教育领域内的专家，我珍惜这次机会。

12：35准时到达北京火车南站，《环境教育》杂志社的朋友已经前来接站。中午半个小时的简餐中我们边吃边聊。午饭结束后，必须马上出发，因为与华嘉小学约定的是15：00。史建国社长非常重视边远学校普通老师的这次学习，但未能抽出身，就安排了两个专业记者与我同往。

## 华嘉小学

14：30出门，打车前去华嘉小学。尽管我查了学校地图，做了详细准备，但是如果我一个人的话真不知道南北东西，好歹有了朋友们，就轻松多了。

北京的塞车实在厉害，打车又难得很。一个多小时的路程后好不容易踩着点儿赶到了华嘉。出门迎接的是张文校长，她用最真诚的方式给我上了一节最感动的课。张校长非常朴素，有四十来岁，略胖的身材，一身花布衣服，总是笑呵呵的，正在跟老师们为“六一”儿童节的活动做准备呢。淳朴的笑容，随和的讲解，就像邻家大姐“拉呱”。华嘉的人数不多，教师学生一共300来号人，比起我们7000多人的学校来说可以称得上“袖珍学校”了。这个学校有十几年的历史，一座教学楼，一个活动的院子。但就是在这一片“袖珍王国”里，张文校长带领着她的团队努力做着节约型校园的建设。

走进校园，我被墙壁上的铜钱迷惑，不知是什么含义（近视眼没有看到铜钱上的淡蓝色水滴）。张校长给我们从内到外介绍各个创新点。华嘉的“水银行”很有特色，是德国进口的一套设备，对比现在的有点落伍，但在十几年前算是很先进的了，每个楼层都有孩子们的开水设备，节约水的足迹遍布在每个角落。一种装置把孩子们的使用水收集起来，通过特殊的管道运到院子里的大水池，夏天孩子们可以在这儿戏水。这跟我们学校中水站的设计相似。

张校长给我们介绍了别具一格的展室。我走到三楼处，被“安全紧急输送路线”吸引住了。这里的每一个楼层，每一个班级门口都有自己的逃生路线，非常详细。我立即拍了下来。张校长及时捕捉了我的视线，跟我介绍安全的重要。每学期两次，她都带领孩子们进行消防演习，还动用消防队的官兵实弹模仿，从楼上输送云梯练习紧急逃生等，其他学校的孩子们都羡慕在华嘉上学的孩子呢。张校长说的时候脸上很是自豪。我为眼前女校长的敬业而感叹，对逃生演习自己也曾发表看法，写过一篇博文《紧急疏散，非同儿戏》。

走到四楼的展室，我不仅“哇”地大声喊了起来——太神奇了！这里有四间展室，丰富多彩的展品令人目不暇接。

第一、二间是孩子们的手工制作展室，每一件都是那么的用心，满满地放在玻璃制作的橱柜里。有蛋壳工艺，手工折纸，简易风筝，各种铁丝模具，很多都是美术作品。我惊叹他们的心灵手巧。

与张文校长一起（右二为张校长）

第三间展室更令人称奇。这是满屋子的动物，不是活的，而是高度仿真标本，是一个老师带着学生们利用假期的时间去野外考察后自己制作的，不同于其他学校购买的教学用品。其精细的制作让我叹服不已。

第四间是图片展室，是一位摄影爱好者带着孩子们外出拍摄的，有张家界的风景，有喀斯特的地貌……每一幅作品都堪称上乘。据说这位老师从不对外投稿，对华嘉小学却情有独钟，这些作品无不让参观者大饱眼福。

在感叹中下楼，张校长给我们介绍楼前墙壁设计的意义，我这才明白“水滴”和“铜钱”的关系，这也是华嘉治学的精髓。校园的西侧有一条生态长廊，种着各种瓜果，还有向日葵等，都是孩子们自己种植管理，分组分片，给孩子们提供了动手的机会。

如果说四间展室给了华嘉生命的力量，那么生态长廊则给了华嘉绿色的希望。我不禁感慨，在华嘉小小的乐园里，有几十年不间断、默默无闻地为孩子们坚守的老师，有亲和力第一、服务第一的校长，华嘉的发展会很难吗？

离开前，我在学校的宣传小册子写上名字和电话，把它留给了张校长。我代表学校向他们发出邀请，希望他们能到世纪学校做客。她一再地说："你们的校长一定是一位非常优秀的校长，能让一个普通老师来北京学习，真了不起。"也表示很想组织老师们专门来我们学校学习参观。能在世纪学校工作，我当然欣慰。

祝福华嘉的老师和孩子们！

## 北京西城区外国语学校

16：30离开华嘉，立即打车到达西城区外语学校，因为约好了17：00前要跟西城区外语学校的赵主任见面。

走进西外的第一感觉是，这里是允许孩子们自由发展的地方。校园没有按照一定的格式美化，花草都是很自由生长的，没有丝毫的修剪，无论是学校门口还是校园的每个角落。雕塑也是在自由疯长的草中思考（第一座教学楼的右侧有一个"思想者"的雕塑）。尽管我在临行前已经把西外的功课做足，当然包括西外与中央电视台科教频道合作的节目《绝技大揭秘》（当天晚上就播放），但到了这里仍被一种思绪感动着。这是一个充满魅力的地方，不仅因为这里的双语特色，还因为这里的那位富有魅力的校长。当离开华嘉小学的时候，我曾说要去西外，张文校长也补充说："我们都很崇拜西外的尉小珑校长。"

因为早有联系，所以一路顺利地进了西外。穿过一座教学楼，看到的是一个大艺术字的牌子："拥有精神信仰，提升生命层次。"我立即锁定了镜头拍了下来，还特别静站了一会儿，品味这句话的内涵。经过塑胶篮球场，走进教学楼区，楼前有9面国旗，不用说就能体会到该校的国际交流和双语特色。

进入教学楼，跟我们的普通高中并无两样，但这种感觉马上就会有改变。

跟赵主任了见面，做了简短的交流，总感觉少点什么，于是就问能否见一下尉小珑校长。赵主任有点为难，说尉校长正在给一个80人的教育局长参观团作报告，不知道结束了没。

我说："那请您问问，只需要2分钟的时间，我只跟校长聊几句好吗？"没有预约就要拜访尉校长，确实有点唐突，有失礼节，不过，既然来了便不会放弃任何学习的机会。

赵主任打电话征求意见，没想到尉校长居然说可以，刚好参观团活动结束。我们三个就在赵主任的带领下走进了尉校长的办公楼层，正遇上他送客人出门，不用介绍，我一眼就认出了他（照片上的尉校长还要瘦一点）。

自我介绍后，我取出我们学校的宣传册，说："您好，一个普通老师千里迢迢来拜访以'微笑、感激、享受、选择、美丽'为五大办学法则的，能'吹拉弹唱'的尉校长，打扰您了。"

听完我的开场白，他笑了，此时，我已知道尉校长不会拒绝一个普通教育工作者的来访。彼此介绍后，尉校长便开始了他独具特色的幽默表达。在他的办公室里加上摄影师我们一共六个人，不时哈哈大笑。我是一个不会掩饰自己情绪的人，总被尉校长放松的语气和风趣的方式逗笑，原说只打扰两分钟，但是不知不觉就拉长了时间战线。

对于校长的"尉"姓读音，我们都读成"wèi"了，实际上这个字用在姓上读"yù"，但尉校长并没有提出，只是巧妙地说："这个字也有人读guì。"一笑带过。当我问起尉校长的治学核心理念时，他简单地说了两个字："尊重。"即校长、老师、学生之间要互相尊重，人与自然之间要互相尊重。他说，在工作安排上要尊重下属，用在家尊重妻儿的态度，从口气到行为，千万不要有一点高高在上的架子。他用丰富、幽默的肢体语言将"尊重"传达给我们。在环境教育方面，他说："我们生活在大自然中，一定尊重自然，敬畏自然，才能与自然和谐相处，孩子们的成长才能健康快乐，我们的家园才能持续发展。"

在交流中，尉校长不时双语齐用。他是英语专业的，我觉得他英语的熟练程度甚至已经超过汉语。他的家人虽已定居美国，但他却始终离不开西外。

一行三人，基本上是我在提问，与尉校长请教互动。看到我厚实的采访资料和近乎专业的记录、拍照，他说，一进来就把我当作真记者了。还说，西外每天来那么多的参观学习者，却从没有见过准备如此充分的人。我笑对他的真诚鼓励。从一进入尉校长的办公室，我的双眼已经像镜头一样对想了解的一切扫描完毕。校长的办公室是个套间，简陋得很，外侧是一个小小的会议室，里面是尉校长办公的地方，较窄，有一张茶几，两把联邦椅，书橱两组，书橱里的书种类繁多。尉校长的办公桌上除了电脑的空地，基本上就是满满的试卷、材料，还有一个铁皮制的烟灰缸，很夸张，我估计是学生的作品，也可能是尉校长自己做的。当结束一个话题，在尉校长转身去办公桌取烟，刚拿起烟盒的时候，我没加思索，脱口而出："尉校长，5月31号是世界无烟日，为了您和大家的健康，敬请远离烟草。”

尉校长此时已经迅速地抽出一支，“啪”地点着，一弯腰，一转身，喷了一个大烟圈说：“那一天我会请假。”然后哈哈大笑。大家都笑了，为尉校长的幽默折服。记得别人曾这样评价他：“烟抽得很凶，学办得不错。”果然如此。

时间过得真快，已有40分钟，我吓了一跳，赶忙说：“打扰了。”尉校长非常大方地说：“没关系，这样的交流我感到很愉快，况且像你这样的远客不多。”合影时，尉校长拉过我，有力地握了一下，在他的书橱前来了一张合影，很大气。我知道这是他对一个远道而来的普通教师最好的鼓励。

**与尉小珑校长一起**

离开尉校长的办公室，来到赵主任负责的新能源创新工作室，刚一进门，就被高科技的制作深深吸引。这里用“震撼”两个字来形容一点也不为过，从门口的脚动擦鞋器、废纸制作的太阳能发电树、可爱的大象，到脚踏迷你车、自动升降式书柜，再到自动清洗勺器、公园河面垃圾回收器，还有清洗试管和清洗墙壁的智能机器人，以及告诫吸烟有害健康的机器人、可爱的双栖龟……让你感受到的是孩子们高超的创意、非凡的动手能力和对科技内涵的充分理解。尽管西外刚送走一批局长参观团，但赵主任仍然非常耐心地给我们讲解每一件作品。在交流中我才知道这也是他30多年的积累，虽然他现在已经退休了，但放不下自己最钟爱的东西，返聘西外，以科技工作者的身份和孩子们继续创作发明。今年的斯德哥尔摩“水科技”决赛中，中国内地只有西外学生入围，真为西外高兴！

18：30，结束了我们在西外的参观。此时心中又增添了几分感概，如果说华嘉的节约校园办得不错的话，那么西外的能源创新科技堪称一流。如果您到北京，建议您去华嘉参观四间特色展室，领略小学老师和孩子们的教育情怀。还要建议您到西外参观，到西外就一定去参观新能源创新工作室，那里是孩子们创新的源泉，是孩子们智慧的结晶，也是西外最具特色的亮点。当然，更别忘了，必须创造条件与尉校长面对面交流，那是一张特殊的西外名片，每一次交流他都会用独特的方式带给您惊喜无限！

离开西外才知道这里已经下班一个多小时了，老师们却为了迎接我们参观，一直忙到现在。

我们三人一路打车、乘地铁赶到餐馆，已是19：00多，社长和其他的记者早已等候许久。边吃边聊，彼此谈及各校对环境教育的认可，一个小时的晚饭时间很快结束。

## 5月25日
## 北京大学

7：30，社长亲自驾车，带着我和两位记者朋友赶往北大。一路上，朋友们谈起家庭教育，聊心理健康教育，话题不断。有医学专业背景的社长也做过老师，做过其他职业，是一个懂孩子、热衷教育的很温和的人。他很细心，在我去北京之前，已与几位记者已经打了前站，又在5月24号晚上亲自与北大的郇庆治教授见面，把我想请教的问题跟他交流，便于第二天的沟通。

守时，是多么的重要！好歹赶在9：30之前的一分钟到了北大的东南门，要拜访的郇庆治教授已经在此等候。几句简短寒暄之后，郇教授便立即带我们参观了北大地质博物馆，接着又来到地学楼、环境工程与科学学院，向其他教授请教了很多关于学校环境教育发展的问题，参观了北大实验室。走进专业的环境实验室，才知道水解析与分离的过程，才知道空气怎样采样、提取……这些都是为学校课题研究所用，其设备之高端，令我大开眼界。

半个小时后离开地学楼，我们去了郇教授的办公室——环境政治研究中心。

北大的教授每人一间办公室，看到教授已出版著作，我觉得是请对了人。从见面的第一刻起，我就断定了郇教授是个做实事的人，感觉这次北京之行将会是我们学校环境教育发展的转折点。

向北大环境学院的教授请教

郁庆治教授是国务院特殊津贴专家（2008），入选教育部新世纪优秀人才计划（2005）和教育部优秀青年教师资助计划（2001），他的主要科研项目：《环境政治国际比较研究》入选教育部新世纪人才支持计划，《欧洲绿党政治研究》入选教育部优秀青年教师资助计划。郁教授出版、翻译过多部书籍，发表过几百篇有影响力的论文。他是博士生导师，曾经做过“哈佛—燕京学社访问学者”，担任“联邦德国洪堡研究基金学会中国环境伦理学研究会副秘书长”“中国环境哲学专业委员会常务理事”等社会兼职。

与郁庆治教授一起

我们四个人在研究中心的会议室一起交流到午饭时间，去北大的校园餐馆吃了便饭。我非常珍惜接近四个小时的学习时间，目前我们学校的实践需要高端的理论指引，而郁教授用科学严谨的方法，从国际环境到国内环境帮我解惑，我听得津津有味，除了录音，还飞快地在本子上做了记录。他用案例的方式给我讲解对环境的研究，在综合背景下，环境课题的研究方法、研究思路等，在我的脑海里非常清晰，俨然给我上了一节专业的研究课堂。最近几年，因为要攻读硕士，我越来越喜欢阅读理论书籍，对这样的知识相当渴求。是郁教授帮我把中小学生的环境教育的研究理清了思路，对社团的发展做了科学的规划。郁教授还对社团寄语：“争做地球环境公民，共创祖国绿色未来。”

13：00，我们依依不舍地离开了北大，联系了在清华求学的学生崔明哲，交流后，他带我参观了清华大学建筑节能研究中心和环境学院。虽然没有专业的解说，但我准备的网上资料已经非常充分，把每一个教授的研究领域都做了详细的了解。只是遗憾清华环境学院的卢风教授一直在桂林出差，没能当面请教。

从清华大学出来后，我马上坐地铁去火车南站，50分钟后到达南站。在距离下车的最后一段路程，我们三个挤在一起合影留念。紧张的两天里，把两位记者朋友累得不得了，他们说："等我们到您这个年龄时，肯定不如您腿脚麻利。"我笑了，其实是大家心中装的东西不同，目标不同，动力自然不同。

到了南站已是16：10分，买上高铁的火车票，两位已经在肯德基帮我买好晚餐。

17：00与朋友挥手道别，踏上回家之路。感谢史建国社长，感谢两位记者！

到济南已经19：10了，下车后赶往火车站，看有没有直通车，好歹赶上了末班车，到潍坊的时候已经00：30。被高速车司机扔在了高速路口后，才知道自己的胆子有多大，在雨中哆嗦着拖着行李，好歹找到了暂且搁脚的地方，回家已是周六中午。

## 济南站

### 5月29日

如果说上周日和周一两天还沉浸在北京之行的求学波澜中，那么周二的济南之行又把我带进了感动的旋涡。

当时我决定外出考察时选了三个点——北京、济南、上海，都是通过《环境教育》杂志社帮忙给联系的。5月初，从山东环保厅的郝老师那里打听济南环境教育做得最棒的人，他向我推荐了济南三中的杨长寨书记。我立即搜索了他的全部资料，博文几乎每篇都拜读了，相册的活动也是仔细琢磨了，感觉必须要前去拜访。一开始还想从北京直接去济南，但当时已经是周六，只好推至下周二。

周一傍晚，杨书记又打来电话核实我的行程，问我几点到济南。我说："要赶最早的车，8：30之前差不多吧。"他说："好，到这里吃早饭吧，我给你准备早点，来到济南三中后我们必须马上驱车去济南中学。"好的，我懂时间的紧张（高考备战状态），一股暖流涌入心中，我不能选择，也无法选择，必须听从安排。

周二早上5：00起床，赶往寿光汽车站乘坐到济南的车。因为是新汽车站刚搬迁的第一天，非常麻烦，一直等到6：00才发车。还好，一路上可以对济南三中、济南中学以及济南十一中的资料做进一步的了解。

9：00到达济南总车站，9：20到达济南三中。

一下车，杨书记和刘明辰校长等领导早已在教学楼前等候。简短介绍后，我们马上赶往济南中学，杨书记亲自驾车，带着我和一位副校长前头领路，后面的车上全是济南三中的中层领导。一上车，杨书记便递给我热乎乎的豆浆和汉堡，此时，温暖不用言喻。在路上，杨书记向我介绍了三中的发展情况。尽管刚从十一中调到济南三中，但他的业务已经相当娴熟，也许这就是优秀领导的素质吧。

10：00到达济南中学。

崔宝山校长和领导班子成员已经在教学楼前等候我们了。从门口到办公楼要经过两排高大的杨树，像这种树木在当今的好多学校已经不多见了，树木之间还摆放了很多景观石头。崔校长说石头是老届毕业生送的，每一届新生入学后都要给他们讲述杨树和石头的故事。(参观完校园，我注意到多处都有观赏石摆放。)

我跟着杨书记一行去会议室聆听了崔校长的精彩报告，而后崔校长带领我们参观校园。

济南中学的校园不大，但很紧凑，空间资源利用非常得当。崔校长在各处认真讲解，又带我们到楼顶上观看学生做操的壮观场面，看了太阳能发电设备。站在楼顶，俯视楼下的花园，特别漂亮！

崔校长很自豪地跟我们说，如果赶上跑操的场面，更是壮观，不少兄弟学校专门来观看“学生跑操”这个场面呢，这已经成为济南中学的一个管理特色了。

我懂，只有超强凝聚力的管理策略，才能让三千多孩子跑操军事化。从跑操上不但能看出学生的乐学状态，更能看出一个学校的管理。崔校长很骄傲地跟我们说，他们的学生高考状态特别好，尽管还有几天时间就高考了，但是他们的精气神特棒。每每谈起他的老师和学生，崔校长的脸上都透出幸福的笑容，因为有一种对教育最深沉的爱蕴含其中。

经过一片枫林，在前去教学楼的路上，我看到了别具一格的自行车棚。呵呵，济南中学的自行车都住楼呢，共两层，一个很窄的过道，却摆放了很多车子，充分利用了空间资源。

在参观中，我还发现校园的每个拐角处基本都有几盆花，不知其意。崔校长跟我说："你看，这里是花圃，因为以前总会有学生从这里走过，我们放上几盆花，不但好看，还能暗示学生绕道行走。"嗯，多么有趣的创意，多么细致的管理！

从教学楼转出来，就走进了济南中学的生态园区。园子是梯级结构，很有立体感。我们拾级而上，首先映入眼帘的是一株紫藤萝，崔校长介绍说，这棵树已有六十多岁了，满架的虬枝显出沧桑之感，结出的果实特别大，可以想象开花时的盛景。藤萝架下有不少石凳子，原来是有桌面的，总是晃动，后来干脆去掉了桌面，只留凳子，学生反而更愿意到这里聚坐。走出紫藤萝瀑布，便被各种果树吸引。生态园里不光有各种植物，如豆角、黄瓜、韭菜、葱、苹果、梨树、葡萄等，还有多种动物，有鸽子等多种鸟类。我问生态园平时由谁管理，崔校长机智地回答："我们。"

在济南中学的节能楼顶上与崔宝山校长一起

我也曾带孩子们参观陕西西安中学的生态园，但济南中学的生态园更显生命力。出了生态园，在通往下层的花园有一段过道，两侧栽着翠竹，我漫步在小径上，突然看到地面砖有些隆起。这时崔校长发现了我的疑惑，就解释说："这是竹子的根，如果没有地面砖早已拱出来了。"我心底似乎一颤，但没有表达。

出了生态园，便被一幅幅绘画和书法吸引。待走到高一教学楼的后面，崔校长略显自豪地跟我们说："看，这是我们高一学生的作品。没学了几天，我们就把他们的作品展览出来。这些作品定期更换，为的是及时给学生们鼓励。"走廊是用落地玻璃组成的，崔校长却充分利用起来，作为画展之窗，让孩子们每天都看到自己的作品。在崔校长的眼里，只有一个想法，就是千方百计利用有限的资源提供给孩子们最大的活动空间。

济南中学很巧妙地运用有限的资源，把每一个角落都装扮上可以仔细观察的景点。这是一个紧凑的校园，但无论是从跑操的管理还是到花园独具匠心的设计，都显示出该校的管理水平。当然，学校在教学育人等方面取得的成果更是优秀。

道别，诚邀不必细说，11：00离开济南中学，前往济南十一中。

11：20到达济南十一中，下了车，杨书记显得有些激动，因为他在11天前刚从十一中调离，回家的感觉真好。

在进入办公楼的时候，忽然听到楼上喊："杨书记——"我急忙转过身来，原来是对面阳台上的学生们在跟杨书记打招呼呢。杨书记跟学生们挥手致意，从他跟学生的感情中可以看得出，这是一位很随和的书记。学生们久久不散，越围越多，杨书记只好到楼底下跟他们打招呼，直到上课铃响他们才散去。我早已迅速地抓拍这组有爱的镜头。正是因为这些有爱的师长，教育才充满了温情。

**与曹旭光校长（前排左二）杨长寨书记（前排右四）等领导在一起**

曹旭光校长简短地介绍了学校后，带我们参观校园。有几处我特别在意，一个是国际生态学校规章，一处是气象站。气象站是非常实用的学生实验装置，我及时询问了气象站的价格与经营厂家。如有可能，建议学校都安置这样一个地方，会给孩子们增加实践的机会，培养他们认识环境、学习地理的兴趣。

临走，曹校长送给我两本书，上面有他的亲笔诗。曹校长对我和环保社团寄语并祝福，给我的祝福是：祝张冠秀老师心善若水，真水无味，好好学习，天天向上。给社团的寄语：爱绿色就是爱生活（这也是杨书记的绿色格言）。

1:30杨书记送我去车站，临别，我看出他已很疲惫。他本来感冒好几天了，我还来"添乱"，真有些内疚。而他说"天下环境教育一家亲"，让我更加感动。

2:30我离开济南后，杨书记马上挂上了点滴。感动！这是何等的情怀？此时每所高中面临高考都已经相当紧张，但是杨书记却非常隆重地接待了我——一个普通的老师——祝福杨书记和他的学生们！

无论我走到哪里，总有太多的人对我积极关注，并及时给予帮助，真的感谢朋友们，感谢朋友们对一个普通老师的支持！什么方式也无法表达我的谢意，只想用最真诚的邀请，欢迎各位朋友到我们山东寿光世纪园做客……

从济南，我决定买票到潍坊。车上联系好潍坊普教科的王老师，要取回“绿鸽”环保社团十佳社团评选的材料，因为去年评选时我上交了十本原始材料，都是孩子们的作品，很珍贵。

一下汽车，马上打车去潍坊教育局，赶到时已经是6：40，天色已黑了，感谢王老师还在等我。我取回获奖材料，打车直奔去寿光的路口，看能不能遇上车，这时已经7：00多了。的哥说：“我送你回去吧，120块钱，这么晚了哪还有车？单位会给报销的。”我没听，能省就省，总感觉还有车，我不会那么惨。

20分钟后，浑身发冷，我知道感冒已经彻底发作了。其实从北京回来的那晚淋了雨，一直到济南的一整天这场感冒都在酝酿着，随时准备泛滥。

又过了10分钟，我终于等到了回家的车。

8：10推开了家门，满载收获！

**思绪难平**

我感激生命中遇到的每一个贵人，特别感谢张照松校长对我一个普通老师的高度信任，派我出去考察学习。在他的眼里，孩子的快乐才是学校的快乐，老师的发展才是学校的发展。他总用最朴素的方式给老师提供成长的平台，给孩子们提供快乐的空间，我为能在世纪园工作而欣慰，只能用更积极的方式做好教育工作！

张冠秀

于2012年6月1日20：12

# 江西考察行记

## 一、留住那一湖清水之鄱阳湖湿地考察活动

一提“鄱阳湖”（“鄱”，拼音：pó），大家都知道，它是中国第一大淡水湖，也是中国第二大湖，仅次于青海湖，位于江西省北部、长江南岸，介于北纬28度22分—29度45分，东经115度47分—116度45分，跨南昌、新建、进贤、余干、波阳、都昌、湖口、九江、星子、德安和永修等市县。对于书面的这点资料我早已背个烂熟。教了十几年的地理，不说别的，单说我国甚至世界的每一条河流，每一个湖泊（地图上标注的），每一个界点都如数家珍，但是这几年却有了一定要出去实地考察的强烈想法。

不是特殊的调研，只是几个想自助考察生态环境的朋友碰到了一起，2012年7月19日，经过了20个小时的火车颠簸，我才到了梦寐以求的鄱阳湖所在地——南昌——新四大火炉之一，与几个朋友碰面。

到了南昌就想进旅游团，但是没有联系到任何一家合适的，以往网上联系的也纷纷撤单，让我感到奇怪。仔细询问才知道，原来此时恰逢鄱阳湖的旅游淡季，没有人去鄱阳湖旅游，更不用说我们是生态考察了。

好歹问清楚来回路线，就先乘坐公交车到鄱阳县，然后再打车，经过三个多小时的折腾才到达鄱阳湖。

一路的红壤风光尽收眼底，江南鱼米水乡、江南丘陵的红壤竟然是这样子？以前也去过湖南、湖北、云南等看过，当时并没有太多的留恋，但是今天，却是带着思考的眼睛来观察，努力搜索着对地理课本知识的回忆，可怎么挖掘也是凤毛麟角，地理课本在大自然面前就是羞涩的，绝对！

一到入进口处，便看见风景区的墙壁上赫然印着“地球上最美的母亲——鄱阳湖湿地公园”一行大字。看到“母亲”二字，便被一种深深的情意打动了。

穿过一段热带雨林般的风景，各种野花向你微笑，还有夏日的小虫为你唱

歌，多美的景色，让酷暑也变得凉爽起来。走向湖畔，不用抬眼，就可以看到“一湖清水——为世界守护”几个大字，震撼！这是2007年3月温家宝总理对鄱阳湖生态保护工作作出的重要批示，指出“要保护鄱阳湖的生态环境，使鄱阳湖永远成为‘一湖清水’”。

到这里旅游的人极少，等了很久，人数还是凑不满一只小船，于是我们就在岸边欣赏风景。正午的太阳炙烤着湖面，我们的脸上大汗直流。鄱阳湖静得出奇，除了几个游人的身影躁动，没有看到任何鸟类（此时并不是观鸟的季节）。如果只是看，并不能看出多少东西，直到船工开船，我才从这种平淡中回味过来——要环湖一圈了。先是内湖，船刚走出去不久，我便被湖水的清澈折服，我只想伸手捞水喝一大口。可别说，到南昌的第一感觉就是水特别甜，那水，比起我们北方来说简直就是天然纯净水。到了湖心的位置，我用矿泉水瓶子取水，要回家做水样检测（其实早已经喝了一口），给孩子们上课时用到这些资料，用数据说话更有说服力。

一座女像映进了我的眼帘，没有导游，除了临行前准备的资料知道那是女神“饶娥”，就只有开船的艄公给我们略讲一二了。当凉爽的风再次吹过脸庞，我已经爬到船的顶棚开始拍照了。

“那是我们鄱阳湖的女神——饶娥！”艄公给我们介绍道，相传饶娥是唐代的一位孝女，她自幼丧母，与父饶绩相依为命。其父以耕种为生，兼操捕鱼。一天，饶绩在江上捕鱼，船覆落水，沉入江中，下落不明。饶娥连续三天在江边痛哭寻找，水食不进，痛不欲生。第四天饶绩尸首浮出江面，乡邻认为是饶娥的孝行感动了天神，才使饶绩尸首浮出。父死后，饶娥决意随父而去，并绝食而终。饶娥的孝行惊动了官府和京城，当时的大文学家柳宗元闻后颇受感动，撰文《饶娥记》彰扬饶娥孝行。《新唐书》将饶娥列入孝女，地方为饶娥建庙、立祠奉祀，饶娥孝道流传至今而不泯。

听着感人的故事，思绪还没有平静，小船已经靠近几座岛屿。这时，同游的孩子们惊呼起来，“鸟——鸟——好多的鸟！”我立刻转身望去，现在不是观鸟的季节，仍然可以看到好多的鸟。艄公说：“这是好多候鸟不愿意走了，已经是常住户口了。”鸟儿们在密林中间，时而展翅飞翔，时而静坐枝桠，时而鸟鸣阵阵，时而矗立“沉思”——这，是它们的美丽家园！

我们的船声很小，白鹭们也不怕打扰，它们已经在这里安居乐业、诗意享受了。我懂，是这里良好的湿地环境挽留了鸟儿们。尽管今天我们没有看到“鄱湖鸟，知多少，飞时不见云和月，落时不见湖边草”的景象，但是我已经为鄱阳湖着迷。

因为是环境考察，必须回到正题：针对“建立鄱阳湖大坝水利枢纽和鄱阳湖的生态经济带开发的问题”各抒己见，我整理出同行者的几个观点。

当时我们争论得非常激烈，我把他们的观点按居住地分为三类：江西人、北京人、山东人。

江西人：因为长江水的枯竭，鄱阳湖可以倒流补充，如果我们建立鄱阳湖大坝，把水暂且拦在自己的地盘里，就能提高鄱阳湖枯水季节的水环境容量，达到供水（灌溉）、保护水生态环境、保护湿地、消灭钉螺、航运、旅游、发电以及水产等方面的综合效益。

山东人：你们别太自私哦，只看当前效益。那湖水你们自个儿占领了，这水可是大家的共有资源啊，赣江是长江的重要支流，一旦建立鄱阳湖水坝，对这块生态有没有影响？水多了鸟类可能不来，水少了，鸟类们也可能不来。为了这些鸟类，我们应当优先保护当地的生态湿地环境。

江西人：那你说我们的经济怎么发展？在我们落后的地方谈环境，能通吗？靠山吃山、靠水吃水，我们开发鄱阳湖有错吗？

山东人：这几乎是我国保存最好的大块湿地了，当开发开始的时候，破坏已经开始了，因为有些制度需要完善！

北京人：先不说别的国家，为什么这里不能像苏州一样，发展经济跟美化生态同步进行呢？像云南丽江，多好的景色，现在开发得不错，但是，那边的污染多厉害！我们江西能否引进环保科技生产呢？真的开发了经济带，我们这片湿地可要遭殃了！

江西人：你们就是“富汉子不知穷汉子饥”，到我们这样相对落后的地方谈生态，那是很遥远的事情，难啊！我们也知道保护环境，但是，那些环保企业能进来吗？我们市民又能怎么样呢……

争论持续了近一个小时，慢慢地我不再作声，退出了辩论。因为理念的问题会导致长远的发展受限，为了眼前的GDP，人们不去理会什么生态、什么环境，当我们连喝一口清澈的水都成问题的时候，不知道他们的想法会有改变吗？我恨不得把这湖原生态的清水全部存入眼中。

内湖、外湖很快游完，我的心情有些沉重。等若干年后，我能否再次看到素雅的鄱阳湖？

已是傍晚，黄昏下的鄱阳湖更美，充满诗情画意，那种美让你流连忘返，让你魂牵梦绕。鄱阳湖的美，美得朴素，美得恬静，美得典雅，就像一个素面朝天的少女，含情脉脉地笑迎每一位光临的客人。

不要太多的打扰，无须太多的拍照，鄱阳湖的美已经深深地烙在我的心底。

傍晚的霞光伴着夕阳慢慢消逝，我在返回的车上拍下了精美的瞬间。这美景将永留心底，祝愿那一湖清水，永远流淌，永远清澈！因为这是人类的最佳湿地，因为这是鸟儿们的美丽天堂！

2012年7月30日10：20

本文发表于《中学地理参考》2013年6月刊

## 二、夜探“孺子亭”

2012年7月23日，处理完南昌的鄱阳湖湿地和庐山的水环境调研后，我便开始瞅机会联系当地学校进行实地考察。

临去南昌之前有过联系，但是没有结果。当时我打的是江西环保厅的电话，只想询问几个环境教育较好的中小学校名称即可，但是几次沟通后仍不被理解，对方除了说放假期间不好联系，还强调说不相信我的身份。我苦笑，如果说有谁冒名教师考察中小学生环境教育的话，那说明我国的环境教育已经做得相当不错了。

无语，我又请别人联系过，都不成结果。我懂，人家的警惕性高，我就是一个普通教师而已，谁会相信呢？也许人家怀疑我是恐怖分子呢，哈哈！现在想做点事情太难了，算啦，到南昌再说吧，我就不信这个理儿，到你家门口了会进不去门！

从宾馆打听了附近的小学、初中和高中学校的大体地址，就一个人从宾馆出来，想先问问有没有值班的，也许会有信息。

南昌老市区的路不好走，除了几条较宽的中心路，好多小巷子都会令你晕头转向，不是斜的，不是纯弯的，一点规则都没有，在白天都转不出来，更不用说是在黑夜。

南昌八中是不能进去啦，没有遇到值班的，一片漆黑，折回去孺子亭小学吧。向路口的老伯仔细打听了具体位置，便紧张地走进了昏暗曲折的窄小胡同。

胡同口处略有一点灯光，但也不能驱散我的心跳和惶恐，我开始后悔没有叫上人做伴。仅有的一丝灯光映照着潮湿的路面，我不时回头，看后面有没有人。这时，有一辆车停在了小胡同里，距离我不远，两个男士下了车，同时回头看了我一眼，我居然立马用伞把拄着当拐杖走，其实心里怕极了，感觉心脏要跳出我的胸腔。我越走越怕，但是又不想返回宾馆，事情还没有眉目呢，就一直坚持走到胡同的尽头。

指路的人曾跟我说，胡同尽头左拐就是，但我还是没有看到小学的门牌，左拐后又是一条更窄的胡同。各家各户晾着的衣服滴着水，空调的声音很大，到处黑乎乎的。这条小胡同也是弯弯曲曲的，只能通过自行车和行人。我不知道这是怎样的居住环境，这儿可是江西的省会啊。壮着胆子继续走，好歹看到较多的亮光，谢天谢地，孺子亭小学的大门出现在我的眼前。

学校门口比较正规，路宽了些，能容过一辆车。孺子亭小学的院子里挂着基础教育的条幅，我就知道这里的环境教育肯定不错。我上前询问在院子里乘凉的大姐，能否进去看看。

这个大姐是看门的，一个外地口音的人站在学校前问事情，她自然有所警惕。聊了一会儿，没有透出多少信息。她总说："不清楚，明天9点左右校长会来，到时你可以再找校长。"没有必要再问，叮嘱大姐跟校长传个话，看能否约一下（典型的傻子精神）。之后赶紧返回宾馆，已经是21：30。

打开孺子亭小学的网站，把特别重要的信息做了记录，已经是22：30，接下来便期待第二天的拜访。

7月24日，我被早上刺眼的太阳光唤醒。嗐！热死了，只要一出太阳，南昌这个“火炉子”就像加了一车煤一样旺了起来。

吃过简单的早饭后，我提前去等校长，8：30已经到学校门口了。胡同的白天好歹能过，就是拥挤不堪。我感觉无法忍受这样的居住环境，同时也看出，城里人也生活得不容易。

今天就很顺利地进了学校，看门的大姐对我明显温和了许多。我本不是坏人哈，穿着得体呢。闲侃了几句后，我问校长在不在，大姐说：“哎呀，我忘了跟他说，他7点多就出去了！”

哎呀，大姐啊，您咋就忘了呢？俺千里迢迢的容易嘛。当然不怪大姐，这事我早已经预料到的。这时，我问起校长的名字和电话，她竟然毫不犹豫地告诉了我，因为她很崇拜校长。

我立即拨了校长的电话做了简单沟通，没想到，校长说：“好，没问题，你等等，我马上过去！”太好了，事情有了转机，我在教学楼下等待。

拿着昨天晚上收集整理的资料，我仔细琢磨着萧校长对学校的寄语：少琢磨人，多琢磨事；少说一点，多做一点；少埋怨环境，多改变自己；少一点借口，多一点主动；少一点批评，多一点鼓励；少一分埋怨，多一份理解；少一点怀疑，多一点信任；少推卸责任，多勇挑重担；少适应上司，多适应群众；少一点闲谈，多一点学习；少一点功利，多一点付出。这一定是一位朴实能干的校长。随即想起对他的教育报道，介绍萧校长十几年坚守孺子亭，以校为家，把这所学校办出名气。2006年就获得全国十佳校长称号（心理健康协会和中国教育报联合举办的活动），心理健康工作卓有成效。那时我们学校也开始引入心理健康教育，设立阳光心灵活动室，但是萧校长起步还早，已有成果。我是2008年拿下国家二级心理咨询师证的，具体也负责过心理辅导，不过我们还是落后于这些省城的学校。

左等不来人，右等不来人，看到进学校的人就问是否看到校长……时间在一分一分地消逝，我无法再给校长电话，也不能坐在这里干等，就自己转起了校园。

孺子亭小学作为南昌的一所名校，校园相对于我们500亩的世纪园来说很袖珍，但是就在这块占地几十亩的地盘上有前后两个小操场，体育设施齐全，沙坑、爬杆，十几张乒乓球桌，单、双杆等一应俱全，学生有充足的活动场地，对于省城的学校来说并不容易。我还发现校内有柚子树，柚子已经好大了，直诱惑我的嘴巴！还有橙子树、棕榈树、桂花树等各种花草树木几十个品种。校园环境不错，这曾是晋朝徐孺子读书学习的地方，现在他的后人在香港，还回来看过此地，故称“孺子亭”小学。

只一会儿工夫，我就在校园里逛了个遍，教学楼、实验楼，器械室，还有学生专用活动室，如钢琴房、舞蹈房等。对于只有13个班的小学来说，这已经很不错了。

班级标志吸引了我，还有大厅柱子上满是鸟儿的图画，我早把该拍的都拍完了，但是校长还没有来。几乎等了一个小时了，我主要是担心耽误了预约好的十点对江西师范大学的地理与环境学院的考察。唉！

真有些急了，我直接站在大厅下望着大门口，看着来来往往的人进出，心里着急得很。又过了十分钟，校长开着车子进来了。寒暄之后，原来是校长接到我的电话请求后，立即召集了几位做课题研究的老师，还带着电脑赶了过来，路上堵车厉害，所以晚了些。

萧校长一点都没有架子，我倒觉得很不好意思，给他的假期平添了很多麻烦。我向他道歉，他说：“能一起交流不容易，我们也向你们学校学习。”其实，他在假期是基本没有休息的，还说接到我的电话吓了一跳，一般参观的人都是提前预约的，就是不知道我是什么人物。哈哈，请原谅我的唐突吧。

张校长简单向我介绍学校的情况，其实我已经将这些资料基本背过了，当然书面的东西还是不如萧校长说得亲切。我们在校树——柚子树前留了影。接着，我去校长室跟两位老师交流中小学环境教育课题研究情况，校长还把获奖的情况跟我们介绍，并向我展示了老师们的作品。我不由得惊叹，一个四十多位教师的学校，居然在科研方面取得那么多的成绩，这当然跟校长的治校理念不无关系。校长有思想，人脉好，积极带领老师做研究，鼓励青年老师的健康成长。萧校长有一颗仁爱之心，无论是对老师的心理健康方面还是学生，都是亲自上阵，将温暖和关怀送给他们，赢得口碑。

当我问及校园的柱子上为什么都是鸟的宣传时，校长说：“尽管鄱阳湖那边是观鸟的地方，但是我们南昌市还不行，污染多，很多鸟儿都不回来了，我们为了保护它们，参加了一个‘鸟与人类的家园’的课堂研究，让孩子们懂得尊重自然，保护鸟类。”

我懂，一个有环境保护意识的校长一定是位名校长，因为他心里装着大爱，萧邱校长就是一位这样的校长。

不知不觉，大半个小时过去了，我不得不走了。校长给我几本即将印刷的书样本，这是他们的科研活动成果，很珍贵。

出了校门，我便一路小跑回到宾馆，带了必要的东西就打车直奔下一个学习目的地。因为有北京学者帮我联系的江西师大地理与环境学院，约好10：00见面。

## 三、江西师大地理与环境学院

距离约见的时间不足半个小时，而路程远得很。恰好在修地铁，路不好走，一切都在紧张中。不过刚一走出老市区，立即到了另一番天地。蓝天，白云，满湖清澈的水，让你立即从闹市中的尘嚣中解脱出来，感到一丝夏日的清凉。

中国有五大淡水湖，而在南昌也有五大淡水湖——前湖、青山湖、绿湖、瑶湖、象湖，基本都在开发区。人们依湖而居，这边风光旖旎，雅致的山林翠园，幽静的碧湖，不一而足；坐在出租车上，尽览迷人风光。拿江西社科院的一位朋友的话来说，等到哪一天我们都能“诗意而居”地活就好了。作为一个外地人，我现在只能短暂地享受他们的“诗意而居”了。

终于赶到了江西师大，还没有下车，便被眼前的大门吸引——好大气，好自由的设计！学校缘起庐山白鹿洞书院，肇基于1940年创建的国立中正大学，1949年更名为南昌大学，1953年改为江西师范学院，1983年更名为江西师范大学。校园很大，现有瑶湖、青山湖和共青城三个校区，我们到的是瑶湖新校区。

这里环境特别好，整个大学没有围墙，四周以一条7公里长的瑶河环抱；河水很清，两岸自由地长着些不知名的草，具有突出的生态人文特色。师大的建筑颜色是暗红色，据说是参考了哈佛大学的设计，从建筑特色上能看出一个大学治学理念的开放和前瞻。校园大得很，大面积的草地，花园式的构建，假期中的江西师大就像一位含羞的新娘，静静地优雅地站立在这片美丽的土地上。这，本身就是和谐校园的象征。

走进校园，因为太大，就在校报编辑的车上转了一圈校园，感受了一下师大的青春和魅力。广场设计有些特别，文化底蕴深厚。

约见的人到了，我们直接去了地理和环境学院的教学楼。

大学总是气派，有这么多专业的地理教学器材和各类地理教室，我真恨不得马上能冲进去看看。但遗憾的是教室都锁着门，只能透过窗户看一眼，拍点照片，减轻渴望。

张敬伟老师带我们来到他们的活动室——中共蓝天环保社团。我这次大开眼界，里面有师大的老师和同学们十几年的积累。

与张敬伟老师一起

“蓝天”环保社团成立于1996年，是一支科学普及环保知识、传播绿色环保理念的大学生队伍，获得众多殊荣。十多年来，在几个地理老师的带领传承下，这支队伍不断发展。我在2012年暑期第一篇研修作业中和一直以来自己的地理教育理念中，都提到过“开辟第二课堂”对于地理教学的意义。地理与环境教育密不可分，我觉得做活动是地理老师的本质工作，只要用心，我们的收获不仅是知识，更多的是责任感。

我们四个人聊得非常融洽，有一个多小时吧，彼此交流了对地理环境资源开发的认识，对课程开发的建设建议，以及对当前的地理教育众多现象的思考。我欣慰，在教育有些浮躁的今天，遇到了地理—环境教育的坚守者。他们的付出让我感动，他们的教育理念和做法都值得我好好学习！

2012年8月1日23：00

# “绿色浙江”考察行记

结束了2012年7月25日上午的研讨会以后，我于1：45离开南昌，前往浙江。这段路程相对较短，经过10个小时的火车，于晚上10：30顺利到达杭州。幸好早已在网上联系好宾馆，托朋友准备好第二天的考察后，已是26号的0：30了。

睡觉也不踏实，因为考虑到必须要在当天离开浙江，回家后还有29号的山东省教师远程培训。另有原因就是，杭州到潍坊的火车票连着几天都买不到。从杭州到济南有高铁，但票价太高，我已无力承担。后来，只能选择了史上最慢的杭州到潍坊的火车，且无座。

另外，此行严重超支，带的钱不够。出去哪儿都需要钱，后悔没带卡，以前山东、北京等近处的考察都有朋友招待，这时才知道出门在外的难，忘记了“穷家富路”这个词。

7：30醒来就联系对方，因为他们上午有事，只好选择下午。

宾馆就在西湖的不远处，过几个路口便可以看到“杭州西湖”四个大字。西湖整个呈现在我的眼前，不用诗人的眼光是看不出西湖的美的，对于一个南征北战、旅途疲惫的人来说，“欲把西湖比西子，淡妆浓抹总相宜”的感觉一点都没有。我眼前的西湖，水质较为浑浊，岸边多是人工塑造的活动场所，游人络绎不绝，建筑噪声不断，商业味浓厚，真不如素颜朝天的鄱阳湖（小心我会挨骂）。也许我更喜欢鄱阳湖水的自然与宁静，也许是忙碌人的眼里根本就没有风景。

来到西湖，就想看看雷峰塔，但是走了好久都没有走到，只能远远地看一眼翻修后的雷峰塔。

还想看看“断桥荷花”，也没能看成，因为确实没有时间，我已经把睡觉的时间都挤出去了，现在只能隔岸观花。朋友都希望我在杭州多留两天看一下风景，但是我在这里只能有几个小时的时间，处理完工作即要离开。

真的遗憾，不知什么时候能再来西湖，那时我一定带着游玩的轻松心情，好好看看断桥残雪、雷峰塔，好好听听许仙白娘子的爱情故事……

速8酒店必须在13：00前结账，我只好把大宗行李寄存在一家费用低的旅店，因为一会儿还要走半个多小时的路去参加“绿色浙江”的学习，带着会不方便。

距离市区较远，打车得半个小时。终于在约定的时间赶到了“绿色浙江”公益组织的办公室，顺利与他们接上头。

由山东老乡姜丽丽给我做了详细解说，又向联合国环境规划署生态和平领导项目成员、浙江省节水大使、绿色浙江公益组织总干事忻皓做了请教，才知道这个全国百优志愿服务集体“绿色浙江”团队组建于2000年6月，是浙江省最早建立、规模最大，也是目前在全国最具影响力的环保社会团体之一。2001年，注册为浙江省青年志愿者协会绿色环保志愿者分会，并在全国首创志愿者协会环保专业分会；2010年，正式注册成为具有独立法人资格的杭州市生态文化协会。

“绿色浙江”环保组织是Waterkeeper Alliance的正式成员，全球环境基金NGO伙伴，中国江河观察行动发起单位，中国绿色选择联盟、壹基金USDO自律吧的正式成员机构。“绿色浙江”创会会长为第七届“地球奖”获得者、浙江大学管理学院党委副书记阮俊华。

听了姜丽丽的介绍，看到环保在浙江做得如此全面，我不仅感慨万千。阮书记的绿色精神感动了我。而后，他们送了我一些活动资料，还有阮俊华的一本书《寻梦彩虹人生》。

与“绿色浙江”建立友好关系

学习了他们的精彩活动，收集了好多资料。他们的活动实际上是依附浙大和省环保厅，因此进展很顺利，又有自由的发展空间，而最终受益的是市民和活动团体。

一个小时的交流后，我必须离开。因为车站很远，需要接近三个小时的车程。拖着行李，好不容易问到一个可以拼车的地方，坐了两个多小时的车，终于在火车启动之前到了东站。萧山的景色不错，但也无暇多看，一路都很紧张。万一赶不上车的话后果很难堪，食宿都是问题。此时，我已是孤注一掷，心中只有一股坚强的信念陪着我，追寻绿色的梦想丝毫没有动摇。好在我总是幸运，坎坷之后一般顺利。

18：45，终于坐上了无票的杭州—潍坊火车。承受了一路颠簸、一路闷热，20个小时之后，终于在27号17:00点到了家。我带着大宗行李、孺子亭小学的材料、中共蓝天环保社团送的书、“绿色浙江”公益组织的材料，还有从江西、浙江取回的8瓶湖水的水样。

不堪回忆，回忆是一首苦涩的歌……但我笑对这一切。

经历就是收获，我心存感激，尤其感谢坚持的这段绿色考察，我怀揣教育梦想，走过了大江南北，期待用自己对教育的理解，做一点对孩子们健康成长有利的事情。

从2012年7月19—27日，历时9天的寻梦绿色之旅，圆满结束。

回来后，只有一天的调整就必须进入研修状态。还好，成绩不错，作业有10篇被推荐，其中1篇被省级教育资源库录用，3篇被省级推荐并加分95分，6篇被寿光推荐，共获得361分，关注度最高，我相信会给世纪添彩。

考察行记是在省研修期间一边做作业，一边断断续续写的，今天才算大体写完。

2012年8月4日

补充：回来后，再三思维碰撞，要做适合孩子动手的环境教育综合活动室感觉还不充分，又有了外出考察的想法。再一次利用休班时间，拜访省、市教研室、电教站的领导，与甄鸿启、刘献臣、李福宝等取得联系，询问地理教室做得最好的学校，最后确定了潍坊高新区实验中学。在周末，由吴克波校长带我参见了他们高档的地理教室。回来后，最后综合多处的考察，写了长长的考察报告，并负责设计了适合孩子们的集环境与地理教育于一体的综合实践乐园，包括各种实验器材的价格、厂家以及在室内的摆放位置等，都做了详细的图纸设计、产品咨询。这些建议得到学校的高度重视，有的设备已在筹备安装，有的因楼层建筑施工问题而暂时搁浅。

# 第三部分　活动照片集萃

## 领导关怀

山东省环境保护宣传教育中心主任王必斗鼓励我们的绿色行动

共青团山东省委农村青年工作部部长卯金涛支持“绿鸽”行动

中国环境科学研究院领导支持绿色活动

## 环保宣传

01　“4.22”世界地球日活动

02　“5.31”世界无烟日·戒烟宣传队

03　“低碳贝贝”公益演出活动

04　2011年8月参加全国百名“生态小达人” 西安世界园艺博览会体验活动

05　“同呼吸，共奋斗”环境教育活动

01

02

03

04

05

01　孩子们在国际蔬菜博览会生态考察

02　爱心募捐：绿色小记者和家长、市民参与其中，爱——在这里延伸

03　第四届中小学生环境教育论坛

04　孩子们的科技节作品展示

05　2013年获得“国际生态学校”绿旗荣誉称号

01

01　和孩子们在内蒙古兴河洒下绿色的种子
02　环保活动得到社会的关注和支持
03　环保服装大赛
04　临朐石林环境考察

02

03

04

02

03

04

01　世纪学校首届环保艺术节

02　绿色消费，你行动了吗？

03　美国最优秀的老师雷夫与我们

04　全国环保征文大赛收获的喜悦

01　我和孩子们参加寿光市“3.12”植树节“守护蓝天，播种梦想”大型公益活动

02　心灵手巧的孩子们在环保工艺制作中

03　与国家环保部宣传教育中心的领导在一起

04　元旦晚会我和环保社团的孩子们歌唱——《祖国万岁》

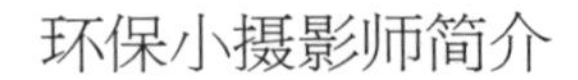

# 环保小摄影师简介

郭登甲，2000年5月出生，寿光世纪学校七年级在读学生，爱好旅游、摄影、游泳、航模等。乐于助人，积极阳光，责任心强，负责学校“绿鸽”环保社团的跟踪摄影工作，多次参加大型环保活动。曾在2011年全国青少年“低碳与气候变化”知识网络大赛获得三等奖。

## 小摄影师作品

百年好合

康宁馨图

# 后记：铭记这段时光

张冠秀

请记住这一段时光，不止一次地凝望，我和孩子们的牵手相约。梦已是含苞的蓓蕾，只等待温软的春风拂过。自然界的春天已经到来，万木葱绿，繁花似锦，然而，绿色教育的空间依然寒风瑟瑟，举步维艰。

我是一个追梦的人，因为思想而活跃，因为灵动而感悟。本是一名最普通的基层地理老师，每天面对着的是一张张青春的面孔，然而看着分数优秀的孩子们有时也不免有些感伤。如果能多一点感恩的教育与培养，会帮助孩子们更加健康快乐地成长。

2008年底，在我校张照松校长的大力支持下，在孩子们的“鼓动怂恿”下，我们创办了一个绿色组织，为环境教育活动提供了一个固定的场所。曾用名“拯救地球”绿色环保组织，吸收3000多名师生、市民等志愿者为会员，有固定成员和非固定成员两类，涉及幼儿园、中小学环境教育，于2010年改名为“绿鸽”环保社团，并建有网易博客“绿鸽，因爱永恒”对外宣传。这是一个学校、家庭、社会的绿色组织，是一个有极强生命力的公益团队。目的之一是想尽自己的微薄之力，逐渐形成“以孩子带动家庭，以家庭带动社区”的环境教育模式，唤醒大家的环保意识，并积极践行；目的之二是以组织为依托，建立“以活动促教育，以教育伴成长”的学生综合素质乐园。目前有300多名固定成员，包括绿色小记者站、志愿者两大板块，分摄影、手工制作、写作园地、绘画等小组。

2010年6月我成立了环境教育工作室，主要从环境教育的认知到实践（重点）两个方面开展工作。我注重孩子们“阅读—活动—写作”能力的积累与提高，因为在当今快速发展的社会中，语言表达能力是一切的基础，锻炼孩子们的语言表达能力一直是我做事的前提之一。让孩子们在演讲中学会推销自己，增强自信，通过大量阅读，在写作中锻炼思维。而频繁的“实践活动”，是我最钟情的教育方式。我认为只待在教室里的教育是有缺憾的，不完整的，整个教育的内涵不是只有那几摞试卷。如果一个老师从教20多年却仍然死死勒着唯一的分数为至高无上的标准的话，我会感到遗憾！从小树立亲近自然，尊重自然，感恩环境的道德修养非常重要，学科结合室内教育是一种形式，户外实践教育则是更好的途径，而且能互助合作增强凝聚力，因为学校教育的目的是让孩子们更好地走向社会。

遗憾，我没有任何写作基础。一个不会写作的老师迫切希望自己的孩子们学会写作，也是我做这本书的缘由之一。我带领孩子们先后在《环境教育》等国家级刊物发表100多篇环保作文，几年来曾策划举办“珍爱地球，从我做起”环保知识大赛、“快乐暑假家庭环保周”、“我家的低碳生活秀”、“酷中国”、全国“垃圾减量与物资循环再利用”活动、“全国青少年气候变化”网络知识大赛活动、中瑞合作项目“合理使用抗生素”等100多项环境教育活动，形成了中小学、幼儿园环境教育的良性循环，获得200多项国家级环保大赛成果。除了山东本地，我还带领志愿者们到过内蒙古、西安等地参加公益实践活动，逐步形成了以“学生活动”为中心的家庭、学校、社区三者合一的绿色教育辐射网，在各行各界引起了较大影响。

频繁的活动极大地促进了孩子们学习的积极性。很多时候，我只是做活动策划，余下的交给孩子们自己完成，“逼”着孩子们跑腿动嘴，会场布置、制作、主持解说、外交联系……当放手的时候，你才知道我们的孩子有多大的潜力，他们做得真棒！至今我仍然记得已经上大三的张江波、寇素涵、祝成功、宋鑫、王博、苏杭、苏英杰、隋文超等，刚上高三的柴雪婷、王艺蒙、宋英豪、刘钰、孙珊珊、张静、桑洪峰、李嘉辉、郭瑞琪、付潇、李静文等，正读高二的王晓婷、梁心怡、王媛、张仪楚、郑文迪、杨光、田忠正、孙鑫林、陈晨、贾如云等，都是我的好帮手。可以说，离开了这帮孩子们，我的教育活动寸步难行。我想在这里跟孩子们说一句：“你们跟着我这个疯狂的家伙受累了！老师想念你们！祝福你们！”

这本书，从2010年就列入计划中。我跟孩子们曾连续几年都做“环保小故事”创作征集大赛，几百字的小创作给我留下了极为深刻的印象。实际上有很多孩子喜欢写东西，我只想做孩子前进的助跑器，给他们的成长留下一个有形的绿色大礼包，但因种种原因一直未能如愿。我是一个有了想法就要付诸行动的人，未做的时间里，心中就像干涸的荒漠一样期待久违的甘霖。2012年暑假曾进行一次尝试，以失败而告终，因为小作者们的思想漫无边际。2013年暑假的前几天，我改变了策略，集中在酷热的活动室，又一次开启了故事的碰撞，时常为某些情节“大打出手”，因为有的故事是有动作的，海量阅读、环保科普知识的收集、筛选等都是一项大的工程，我想通过每个环境主题的写作，让孩子们懂得各种资源的融合，了解更多知识，拥有环境、写作、地理素养。

说起写作，我不得不拜小作者为师，他们的想像力超凡，小小的年龄，总有太多的精彩在血液中流淌，只要你给孩子们一个鼓励的机会。

在两年的作品磨合中，总有些感动埋在心底。本书的小作者大都是我所教的班里的佼佼者，包括绘制插画的孩子，非常有灵性。我本是爱才惜才之人，很多孩子与我没有丝毫关系，但是我一旦发现，会立即把他们推向正规发展的航道。我班里的《看不见的光》的作者林文清，喜欢写作，但是没有意志写点属于自己的东西，通常写个三两千字就扔在那里。对于这次创作，林文清也是如此，在规定的时间内没有上交，说不写了，要退出。我很难过，曾认为自己没有能力组织这次绿色活动，因为孩子们小，没有写作经验，环境知识不深透。想退出的不只她一个，这是搞创作，要环保性、科普性、文学性三者结合起来，还要有丰富的想象力，对于平时只有几百字的作文练习远远不够。盼了一个多月的结果竟是如此！那天晚上，夜漆黑，我把所有的小作者集合到活动室，铿锵有力地演讲了10分钟，以自己为例，告诉他们，小时候没有机会得到任何人的鼓励而苦恼，并用倒计时5秒的方式，让他们选择离开还是继续。最后的结果是30个孩子中留三分之一。当我举着右手，面色凝重，每数一个数，都有孩子们转身离去。他们毫不留情，但我的心一直在颤抖，在痛，在滴血！我的眼泪打着转，我必须控制住自己的情感，在整个作品结束之前。林文清是最后一个离开的。我对留下的孩子重新做了安排，研究怎么写好有生以来第一本精彩的故事，给孩子们打气，做一件事就要做好，答应了的事情就要善始善终，这也是我的做事原则。

一夜难眠，第二天下午我去教室找林文清，一见她我就眼睛湿润，我不明白为什么酷爱写作的孩子不想坚持做一件事情。我问："文清，这个对你很难吗？你不是一直想当作家吗？这是梦的开始，为什么没有毅力写这个故事？我们不是答应过跟老师不弃不离一起追梦吗？""老师，我感觉写不下了。"她的眼里有的只是无助。我说："他们可以退出，你怎么可以离开我呢？一年多的相处，我太了解你，你完全有能力做好。回来吧，我们重新设计思路。"终于，林文清答应了。刚好外面下起了雨，豆大的雨点敲击着走廊的窗户，很急。此刻是待放假时间，没有课业任务，我说："如果想做，就立即回家取电脑，去活动室开始你的创作吧？"林文清瞪大了眼睛，"可怎么请假呢？还有门卫那儿怎么过？我妈妈那儿怎么说？还要取电脑？很麻烦。""你只管走，其他的事情我处理。"简洁利落，我给了林文清一个深深的拥抱。20分钟后，林文清提着电脑准时出现在活动室，头发湿漉漉的，校服湿了大半。我们将构思重新调整，一坐下来她就疯狂了，第二天的下午就交了稿子——12000字的《看不见的光》，吃饭睡觉正常，而且至今几乎再没改过一个字。也是黑夜，没等读完，我已经看到了孩子们迅速成长的七彩光，也为文清凄美的故事感动得眼泪直流，可不，一个文学巨匠诞生了！

如果林文清是我用眼泪感动来的，那么刘珺，一个很自信的女孩，我淘到这个宝贝儿，是在北大教授、作家曹文轩老师的讲座上。当主持人宣布互动结束时，刘珺抢过走廊里老师的话筒，她问曹老师："我还有问题——曹老师好，请问，您在《大王书》系列创作中，是怎样将文学、人性、科幻结合在一起的？"就凭这一句话，在讲座结束后我马上找到了这个女孩，希望她加入我们的创作团队。不用再选拔，她就是一棵好苗子。结果，我没看错。刘珺暑期在鲁能乒乓球队集训一个月，所有的写作都是训练结束后，在训练场地或是晚上的宿舍里，一点点用笔完成的，每写完一部分就把本子藏在书包里。其间，我们用电话交流，回校后刘珺把整本的东西摆在我面前，我不禁泪奔，孩子能做到如此，多么不容易，这是孩子在成长中最宝贵的礼物啊！刘珺对作品要求非常严格，一遍遍地修改，非常认真，我一直看好这个孩子，这种严谨踏实的作风将会影响她日后的学习和生活。

萧惟丹，一个为文学而生的漂亮女孩，一个始终跟着我参与环保活动的活跃分子，已经有一部《女孩，不哭》出版，她理所当然地成了所有小作家们的榜样，相信身边的例子会在一定程度上胜于书面的大家。赵天一，一个温柔如水的女孩，自三年级以来的第一批国家级绿色小记者，非常喜欢写作，一篇《囚鱼》反复推敲，寒假里其他孩子都不想再加工，而赵天一却跟我说又改过了。直到截稿前夕，她说还要修改，可以看得出赵天一做事的精细，长大以后一定也是某一个领域内的佼佼者。宁鹏森，一个酷爱看书写作的男孩，从故事的构思到完成，语言、情感都是那么的精美细腻，可是一个不可多得的好作家！刘逢元，一个“非常有数”的慢性子女孩，曾经在韭菜和兔子的角色中“煎熬”，我要给她改一个主角的名字都与我争论一番，直到我的放弃。而经过一年打磨后的今天，逢元很高兴地跟我说，爱上写作了，感觉自己的水平增长了一大步。亲爱的朋友们，你说，我们还要求什么？孟航，这个坐不住的六年级的小调皮蛋儿，怎样在没有任何基础的情况下，在“放弃——坚持——坚持——放弃”中写出了一个情节惊险的生命故事？赵海涵和尹文潇，这一对儿思想的“冤家”，从题目的构思到故事情节的动手动脚，让我不停地维持纪律，但这些成长的打闹却又令我振奋！董千琳，一个比较稳重成熟的女孩，用最简单真实的生活告诉了我们垃圾食品的危害，完全超出了我的想象；我们的小跟踪摄影师郭登甲，一有环保活动，马上背上照相机就出发，随时抓拍，俨然一个战地小记者……一个个灵秀聪慧的女孩男孩，都是我手心里的宝！

和孩子们一起的创作之路又伴随着快乐。我说累了要休息，唱歌吧？赵海涵毫不客气地拿过孟航的小提琴，像在舞台上表演一样要求我做主持人，居然能把多年前姥爷教会的《梁祝》全部拉完，我激动地大声喝彩，跟唱《化蝶》，其他孩子们也沉浸在音乐中，可爱的王姝然和尹文潇一边舞蹈一边做着滑稽的动作，我们都手拉手挤在当中……没有老师、学生之分，只有伙伴、战友，小小的活动室里演奏的是和谐与快乐的飞翔之歌！

插画是一道非常麻烦的工序，直到文字出来充分阅读理解后才能做。王楚斐是一位出色的小画家，2013年的暑假就完成了任务，只看一张作品，我立刻喜欢了，画到了我心里，绝不夸张。她是一流的漫画天才，而且做事按时按质，非常自律。对很多孩子上交的插画我不是很满意，不得不请王楚斐连做几篇故事作图，并负责整部书插画的定稿和修改。王志凯给二篇故事配图，肖惠盈、王昭昕、国冠磊也都参与了插图的绘制，萧惟丹、刘逢元自己写文自己插画。

很不容易！看着孩子们的成果我无限感慨。我只是占用了孩子们一点点玩乐时间，所有的创作都在大小假期中，利用网络、电话及时互动，这是我们作品成功的基础。

看到全部作品上交的时候，十几本稿子摆在桌子上，有打印的，有卷了角的手抄本。不得了！我是贪才恋才之人，立刻产生了将这些作品出版的强烈愿望。我想尽一切办法，以正式出版作为动力，提高孩子们的“阅读——活动——写作”和学会怎样做好一件事情的能力。我的想法单纯得很，只想为我与孩子们有哭、有笑、有累、有收获一路走来的这么多年留下一个小小的脚印。可能有人说孩子没有社会经验，写出来的东西没有说服力，但我看重的是孩子们的想象力和对学习的美好憧憬。作为一个老师，一辈子会教过数万个孩子，能有这样的收获已经足矣。也有很多人在意这本书是不是能销出去，我只能对他们凄然一笑。我不能也不会在意，因为我注重的不是眼前的经济效益，而是孩子们长期的成长教育效益，包括众多的环境教育活动。另外，请不要拿成人或作家的眼光论说孩子们的写作水平，我更看重的是孩子们心中活跃的绿色大爱思想，我只想给孩子们搭建一个健康成长的平台，我只是让孩子们踩着我的肩头看到更高一点、更远一点的风景，我只想当我们的孩子们50岁、80岁以后，能从身后的书橱里拿出这本告别童年的礼物而已。请不要把简单的问题复杂化。对此，有很多家长非常赞同孩子们参与环境教育活动，尤其在是幼儿园和小学阶段。也有人不能理解，在物欲横流的今天，孩子们和这个傻乎乎的草根女老师实实在在坚守了不止7年，这本书是不止7年来师生牵手走过的一段心路！

造书，是一个极其漫长而痛苦的过程。2013年到2014年春整个一年的空余时间我全部耗在里面，文章除了改错字和理顺语句——个别语句基本不动需要保持孩子们的语言风格以外，还有200多幅图片的处理。我和孩子们不停地碰撞、调整画面。每次宁鹏森、王姝然等遇到我，总是笑迎着问：“老师，我们的小书什么时候见面?”孩子们是当真的，我不敢说遥遥无期，但绝不能挫伤他们写作、做一件事的积极性。孩子们的确需要这份鼓励，吓得我老远就得躲着这些小作家们。

得说明一点，这本书是近年来的100多项环境教育活动里的一个环节，我始终在关注孩子们健康成长的轨道里摸爬滚打，如果没有他们的笑脸和收获，我是一步都做不下去的。再次感谢多年来社会各级各界领导和志愿者们的理解和支持，感谢世纪学校提供的能让一个普通老师和孩子们自由发挥的空间，其实最终受益的还是孩子们。因为组织举办的实践活动太多，而且很多是假期和业余时间做（每年我任教5个班地理教学任务），难免会产生所谓的工作摩擦，在此敬请谅解，因为我的心中只想让孩子们多多参与，别无其他。我只是一个普通人，鼓励和推出优秀的孩子是我做老师的天职！我相信跟孩子们牵手走过的这段时光会蜕变成美丽的蝴蝶，牢牢地嵌在我和孩子们编织的绿色梦的心底。春夏秋冬，四季轮回，总会在一个合适的季节里，一本芬芳的师生绿色颂歌会呈现在朋友的面前。

非常感谢著名作家、评论家、学者曹文轩先生，著名儿童文学作家安武林老师，北京大学博士生导师、环境政治领域的著名学者郇庆治教授三位名家在百忙之中共同为我和孩子们无偿写序，这是怎样的支持与大爱情怀？感谢知识产权出版社给孩子们一个展示成果的机会，感谢社长白光清及编辑王静老师和卢媛媛老师的细心策划和指导。感谢多年来帮助和支持“绿鸽”环保活动的徐庆义、张金龄、付青玲等志愿者，感谢平安产险潍坊中心支公司的总经理宁延庆，寿光东宇鸿翔木业有限公司的董事长孙冠军，寿光市格润食品有限公司总经理贾冠清等社会人士的关注和鼓励。环保是一项宏大的事业，我们欢迎更多的人加入环保志愿者的队伍！

唯一的遗憾，“绿鸽”环保社团的活动歌曲还没有着落，我跟孩子们做过，跟歌友合作过，但仍不满意，希望能有志愿者支持谱曲完成。曾不止一次地梦到我和孩子们唱着自己的活动歌曲，快乐在蓝天下。

孩子们是我的爱，环境教育是任重而道远的全民共同参与的事情，真善美依然是这个世界的主旋律。相信我们的生存环境会好起来。这本书是一个原生态的绿色童话故事集，经过了几多迂回曲折，但我始终相信积极的力量大于一切。出版这本《绿火》，是希望“星星绿火，可以燎原”。

2014年4月